GOLDEN ROUTE

数学 IA・IIB

応用編

大学入試問題集
ゴールデンルート

問題編

QUESTION

この別冊は本体に糊付けされています。別冊を外す際の背表紙の剥離等については交換いたしかねますので、本体を開いた状態でゆっくり丁寧に取り外してください。

目次

数学 IA・IIB

応用編

CHAPTER 1

2次関数

1　ある範囲で2次不等式が成り立つ条件

解答目標時間：20分

問　a を実数とし，$f(x)=x^2-2x+2$，$g(x)=-x^2+ax+a$ とする。

(1)　すべての実数 s，t に対して $f(s) \geqq g(t)$ が成り立つような a の値の範囲を求めよ。

(2)　$0 \leqq x \leqq 1$ を満たすすべての x に対して $f(x) \geqq g(x)$ が成り立つような a の値の範囲を求めよ。

〈神戸大学〉

★★★

合格へのゴールデンルート

(1) GR 1 **グラフを利用して不等式の成立を考えよう**

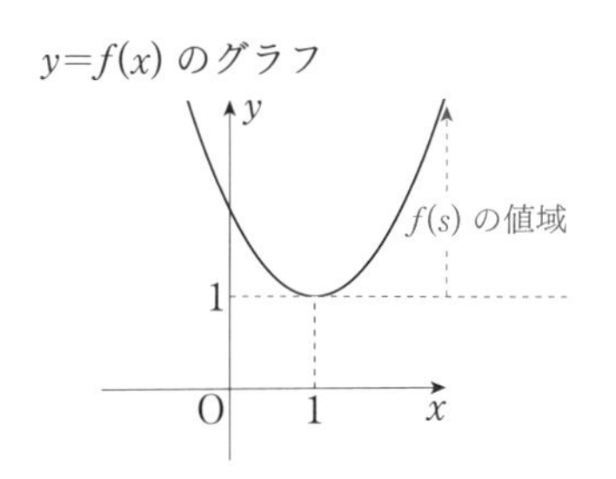

$y=g(x)$ のグラフ

$\frac{a^2}{4}+a$ y

$g(t)$ の値域

O $\frac{a}{2}$ x

$y=f(x)$，$y=g(x)$ のグラフをかくと上のようになる。

$f(s)$，$g(t)$ の値域を把握し，すべての実数 s，t で $f(s) \geqq g(t)$ となる条件を確認しよう。

(2) GR 2 **$f(x)$ と $g(x)$ の差を考えよう**

$f(x) \geqq g(x) \Leftrightarrow f(x)-g(x) \geqq 0$ となるので，$h(x)=f(x)-g(x)$ とし，$0 \leqq x \leqq 1$ で $h(x) \geqq 0$ となる条件を考えよう。

注意　(1) では $f(x)$，$g(x)$ にそれぞれ独立な s，t を代入するので GR 2 の考え方は用いない。

GR 3 **$0 \leqq x \leqq 1$ で 2 次不等式が成り立つ条件を考えよう**

$h(x)=f(x)-g(x)$ とすると，$h(x)$ は 2 次関数である。

$0 \leqq x \leqq 1$ で $h(x) \geqq 0$ となるのは，下図のように $y=h(x)$ のグラフが $0 \leqq x \leqq 1$ の範囲で x 軸の上側にあるときである。

すなわち，

$$(h(x) \text{ の最小値}) \geqq 0$$

であればグラフは x 軸の上側にある。

$h(x)$ の $0 \leqq x \leqq 1$ における最小値（もしくは下限）を考えることになる。

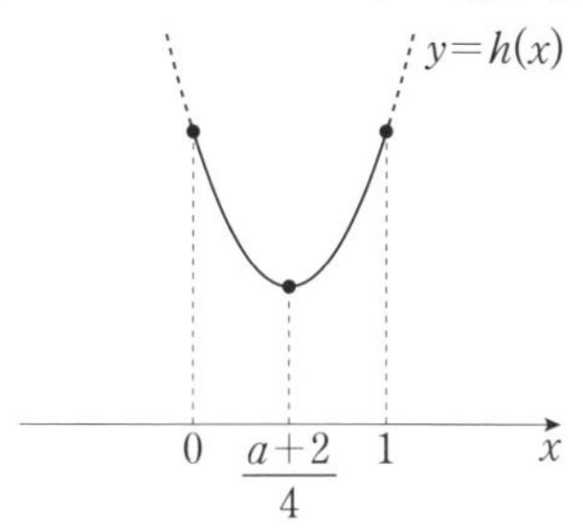

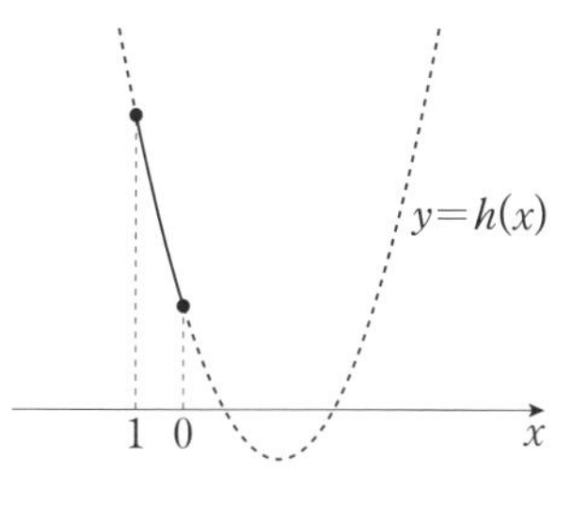

2　2次方程式が少なくとも1つ実数解をもつ条件

解答目標時間：20分

問　xy 平面上に，x の2次関数 $y = -x^2 + ax + 2a - 3$ のグラフがある。このグラフが $0 \leqq x \leqq 2$ において x 軸と少なくとも1つの共有点をもつとき，a の値の範囲は ☐ である。

〈慶應義塾大学〉

★★★

合格へのゴールデンルート

GR1 グラフの共有点を方程式の解と認識しよう

2次関数 $y=-x^2+ax+2a-3$ のグラフが $0 \leqq x \leqq 2$ において x 軸 $(y=0)$ と少なくとも1つの共有点をもつということは，

$$-x^2+ax+2a-3=0 \quad \cdots\cdots ①$$

が $0 \leqq x \leqq 2$ において少なくとも1つ実数解をもつということである。

GR2 解の個数によって場合わけをしよう

「少なくとも1つ実数解をもつ」ということは，以下の2つにわけられる。

(i) 実数解を2つもつとき（重解含む）

(ii) 実数解を1つもつとき

軸などの場合わけも考えられるが，実数解の個数で場合わけをすると考えやすい。

GR3 定数を分離して考えよう

GR1 では『2次関数と x 軸との共有点』を考えたが，定数 a を含む部分を分離することで，①は $x^2+3=a(x+2)$ と変形できる。

つまり，

$$\begin{cases} y=x^2+3 \\ y=a(x+2) \end{cases}$$

のグラフの共有点を考える。

直線 $y=a(x+2)$ は，点 $(-2,\ 0)$ を通る傾き a の直線であるから，グラフを用いて視覚的に条件を考えられる。

三角比・図形と計量

3　角度を比較する三角方程式・$\cos\dfrac{2\pi}{5}$ に関する問題

解答目標時間：15 分

問　方程式 $\cos 2\theta = \cos 3\theta \left(0 < \theta < \dfrac{\pi}{2}\right)$ について次の問いに答えよ。

(1)　$\cos\theta$ の値を求めよ。

(2)　θ の値を求めよ。

〈早稲田大学・改〉

★★★

合格へのゴールデンルート

(1)　$\cos 2\theta$，$\cos 3\theta$ はそれぞれ $\cos\theta$ で表すことができる。与えられた等式を $\cos\theta$ に統一してから解こう。

(2)　**GR 1 角度を直接比べて三角方程式を解こう**

(1) で求めた $\cos\theta$ の値を考えてもうまく θ は求められない。

両辺 cos にそろっているので，両辺の角度の部分を直接比較することにしよう。

例えば，$\cos\theta = \cos\dfrac{\pi}{3}$ $(-\pi < \theta < \pi)$ を考える。

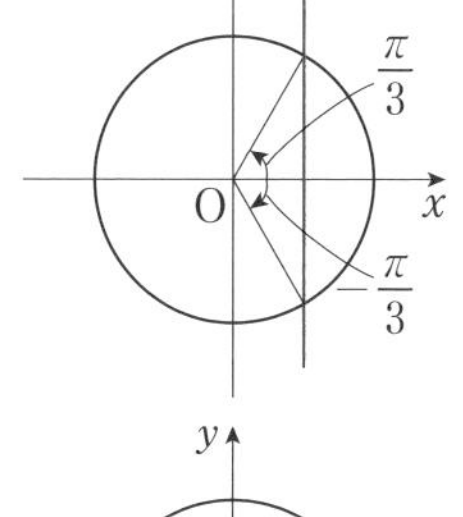

右の図から $\theta = \dfrac{\pi}{3}$，$-\dfrac{\pi}{3}$ とわかる。

一般に，$\cos\theta = \cos\alpha$ の解は

$$\begin{cases}\theta = \alpha + 2n\pi \\ \theta = -\alpha + 2n\pi\end{cases}$$

である。

同様に考えれば，$\sin\theta = \sin\beta$ の解は

$$\begin{cases}\theta = \beta + 2n\pi \\ \theta = (\pi - \beta) + 2n\pi\end{cases}$$

である。

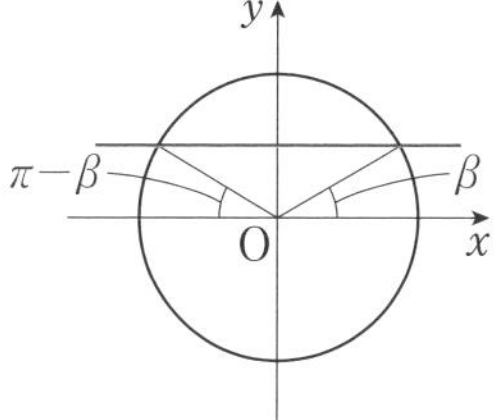

GOLDEN ROUTE
1
2
3
4
5
6
7
8
9
10
GOAL

4　等脚四面体

解答目標時間：20 分

問　四面体 ABCD において，$AB=3$，$BC=\sqrt{13}$，$CA=4$，$DA=DB=DC=3$ とし，頂点 D から△ABC に垂線 DH を下ろす。次の問いに答えよ。

(1)　DH の長さを求めよ。

(2)　四面体 ABCD の外接球の半径を求めよ。

〈東京慈恵会医科大学・改〉

★★★

合格へのゴールデンルート

(1) GR 1 **等脚四面体は垂線を下ろそう**

DA ＝ DB ＝ DC のように 1 つの頂点から出ている 3 辺の長さが等しい四面体では，その頂点から垂線を下ろそう。

△DHA，△DHB，△DHC に着目すると，

∠H が直角で DA ＝ DB ＝ DC，DH が共通

であることから，

△DHA ≡ △DHB ≡ △DHC

がわかる。

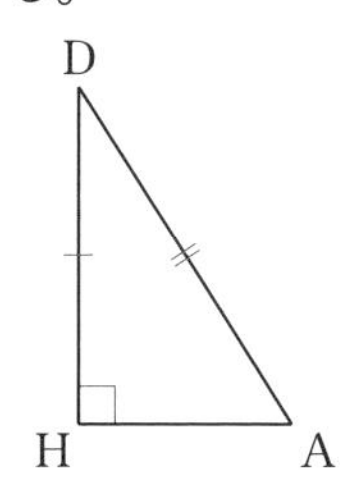

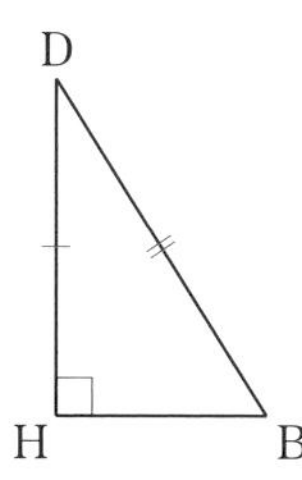

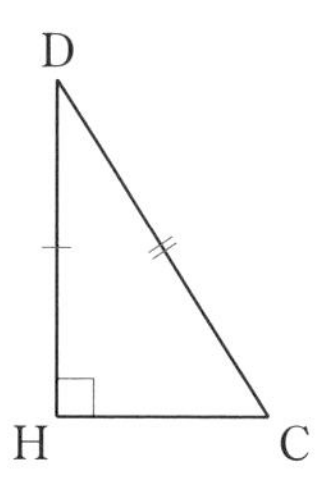

このことから，HA ＝ HB ＝ HC が成り立つので，H は △ABC の外心となる。

(2) GR 2 **立体の問題は平面で考えよう**

立体図形の問題は，平面図形の問題と比べると図をかいたり，状況を把握することが難しい。立体図形の問題を解く際には，ある平面（対称面・求めたいものがのっている平面など）での切り口を考え，平面上で考えてみよう。本問では，(1) で DH を求めており，外接球の半径を求めたいのだから，平面 DHA での切り口を考えてみよう。

5 円順列

解答目標時間：25 分

問 COMMERCE という語を構成する 8 個の文字を円形に並べるとき，次の問いに答えよ。

ただし，相互の位置関係の同じ並べ方，すなわち回転すると重なる並べ方は同じものとみなす。

(1) 並べ方は全部で何通りあるか。

(2) 8 文字の中から 4 文字を選んで円形に並べるとき，並べ方は全部で何通りあるか。

(3) 8 個の文字を円形に並べるとき，同じ文字が隣り合わないような並べ方は何通りあるか。

〈早稲田大学・改〉

★★★

合格へのゴールデンルート

(1) **GR 1 円順列では1つのものを固定しよう**

並べる文字はCCEEMMORの8文字であり，OとRだけが1つしかないので，どちらかの文字を固定し残りの文字の順列を考えよう。

(2) **GR 2 同じ文字が何個含まれるかで場合分けしよう**

例えば，4文字すべてが異なる場合は$(4-1)!$通りだけ並べ方があるが，選んだ4文字がCCEEの場合は$(4-1)!$通りではない。つまり，選んだ文字の中に同じ文字が含まれる場合は数え方が異なってくる。したがって，CCEEMMORの8文字から4文字を選んで並べる際に，同じ文字が何文字含まれているのかで場合わけをして考えよう。

(3) **GR 3 余事象を利用しよう**

すべての文字が隣り合わないように並べる並べ方を直接考えることは難しい。したがって，(1)で求めた並べ方から文字が隣り合う場合の並べ方を引くことを方針としよう。

GR 4 ベン図を利用しよう

集合Xを2個のCが隣り合って並ぶ並べ方とし，集合Y，Zも同様に2個のE，Mが隣り合って並ぶ並べ方とする。求めたいものは右のベン図の斜線部分にあたるので，全体から何を引けばよいのかが見えてくる。

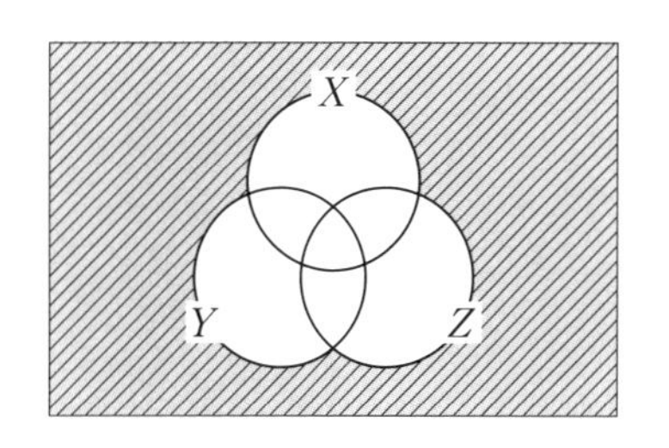

GOLDEN ROUTE 1 2 3 4 5 6 7 8 9 10 GOAL

6　組合せとの対応関係（○と｜との対応）

解答目標時間：20分

問　以下の問いに答えよ。

(1)　和が30になる2つの自然数からなる順列の総数を求めよ。

(2)　和が30になる3つの自然数からなる順列の総数を求めよ。

(3)　和が30になる3つの自然数からなる組合せの総数を求めよ。

〈神戸大学〉

★★★

合格へのゴールデンルート

(1)　足して30になる自然数を具体的に書き出してみると$1+29$，$2+28$，$3+27$などが挙げられる。順列の総数を求めるということは，$1+29$と$29+1$を区別して数え上げることになる点に注意しよう。

(2)　**GR 1　組合せとの対応（○と｜との対応）を考えよう**

$$a+b+c=30,\ a \geqq 1,\ b \geqq 1,\ c \geqq 1$$

の整数解の組の総数を求めることになる。(1)と比較すると，3つの文字の和について考えることになり，重複や数えモレが生じやすい。

本問では，30個のリンゴをA君，B君，C君にそれぞれa個，b個，c個ずつ配る方法に対応していることに気付くことがポイント。

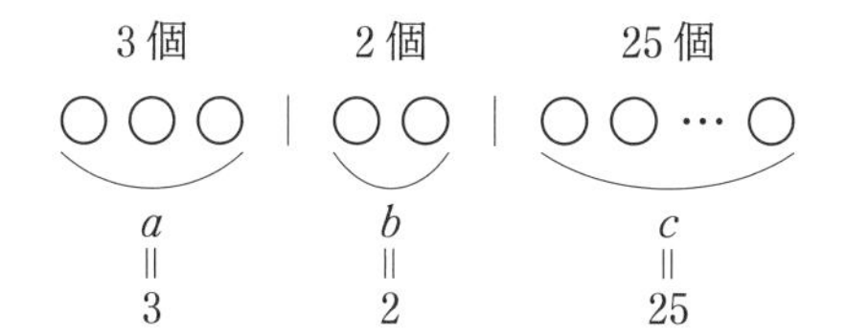

例えば，$a=3$，$b=2$，$c=25$の場合は，上のように○と｜の並べ方に対応している。

(3)　**GR 2　重複度でパターン分けして考えよう**

『組合せ』を求めることになるので，$1+1+28$，$1+28+1$，$28+1+1$はすべて区別されない1通りとして数えられる。

(2)で求めた順列のうちどのくらい重複して数えているかに着目してみよう。

$(a,\ a,\ b)$（2つの数字が等しい）

のタイプと

$(a,\ b,\ c)$（3つの数字が異なる）

のタイプでは重複度が異なることに注意しよう。

7 頂点を選んでできる三角形の個数

解答目標時間：20 分

問　右図のような正十角形の各頂点から 3 個の頂点を選んで三角形を作るとき，以下の問いに答えよ。

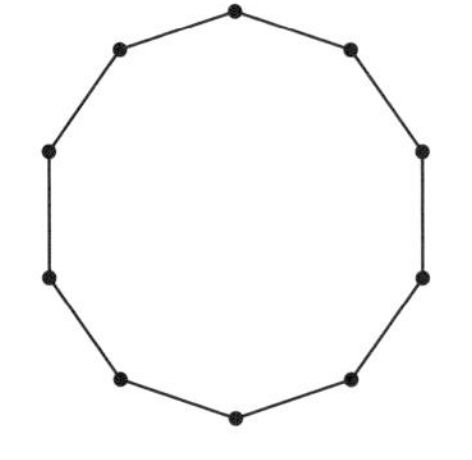

(1)　正十角形と 1 辺だけを共有する三角形は全部で何個あるか。

(2)　二等辺三角形は全部で何個あるか。

(3)　鈍角三角形は全部で何個あるか。

〈明治薬科大学・改〉

★★★

合格へのゴールデンルート

(1) GR1 **重複しないように頂点・辺で場合わけしよう**

正十角形の各頂点を P_1, P_2, P_3, …, P_{10} とする。

正十角形と１辺だけ共有する三角形の中で，例えば P_1P_2 のみを共有する三角形と P_2P_3 のみを共有する三角形は重複しない。

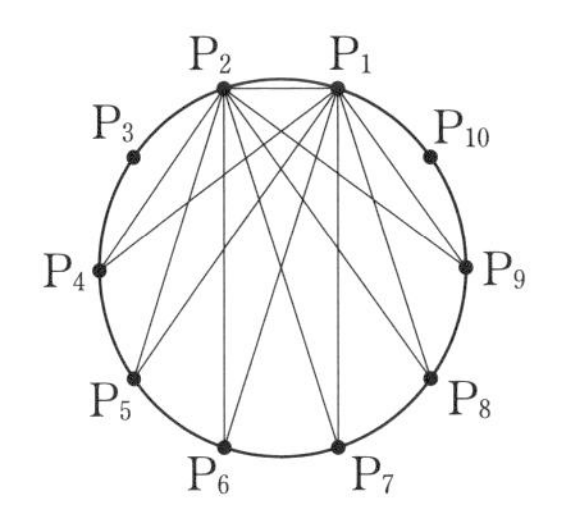

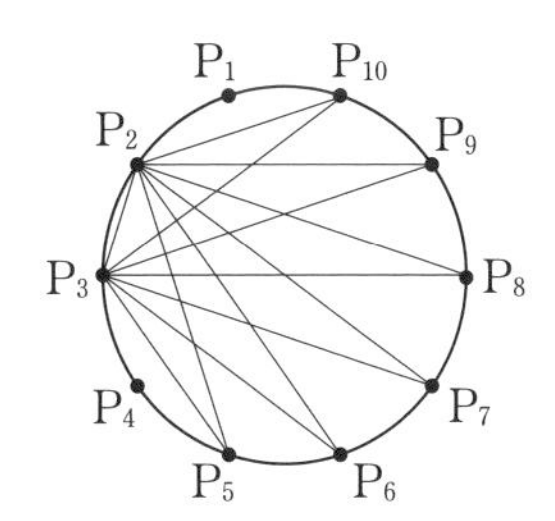

つまり，「正十角形と共有する１辺」というのは他の三角形と重複がないので，そこに着目して数え上げよう。

(2) GR2 **二等辺三角形は頂角に着目しよう**

二等辺三角形では左図のように，円の直径に対称となるように頂点が定まる。

右図は頂角が P_1 となる二等辺三角形であり，頂角と直径に着目して場合分けしていこう。

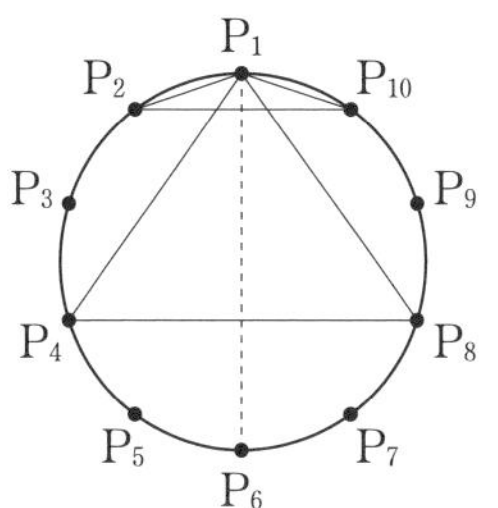

(3) GR3 **鈍角三角形では鈍角に着目しよう**

鈍角三角形では「鈍角になる点」は他の鈍角三角形と重複することはない。

例えば，$\angle P_1$ が鈍角になる場合を考えてみよう。

$\triangle P_1P_2P_{\bigcirc}$ で $\angle P_1$ が鈍角になるときを考える。$\triangle P_1P_2P_7$ の場合には $\angle P_1$ が直角になるから，$\triangle P_1P_2P_{\bigcirc}$ の１点 $P_{\bigcirc}$ は P_8, P_9, P_{10} の３つから選べば $\angle P_1$ が鈍角となる三角形が作られる。

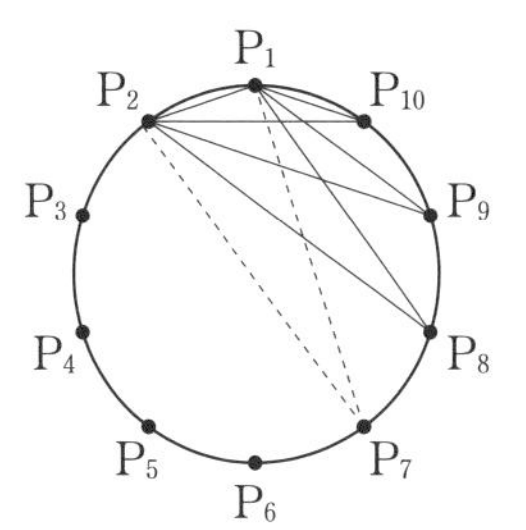

8　場合の数の漸化式

解答目標時間：10 分

問　2 辺の長さが 1 と 2 の長方形と 1 辺の長さが 2 の正方形の 2 種類のタイルがある。縦 2，横 n の長方形の部屋をこれらで過不足なく敷きつめることを考える。そのような並べ方の総数を A_n で表す。ただし，n は正の整数である。

例えば $A_1=1$，$A_2=3$，$A_3=5$ である。

$n \geqq 3$ のとき，A_n を A_{n-1}，A_{n-2} を用いて表せ。

〈東京大学・改〉

GR 1 場合の数の漸化式では最初の1手で場合わけしよう

例として A_3 の場合を考えてみよう。

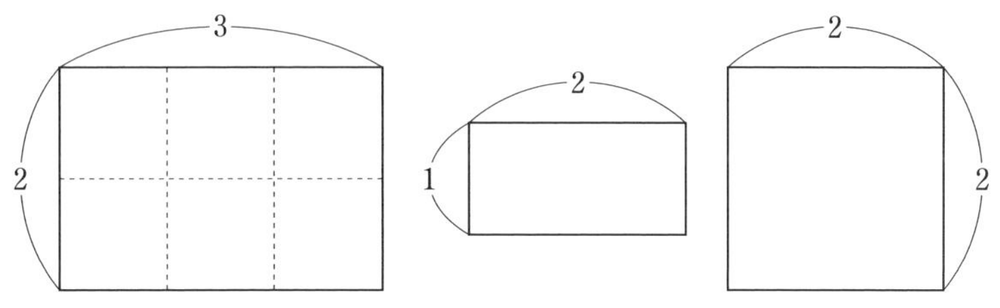

縦2，横3の部屋にタイルを左から敷きつめることを考える。
最初にどのタイルを配置するのかを考えると，以下の3通りがある。

（i） 2辺の長さが1と2の長方形を縦に配置する

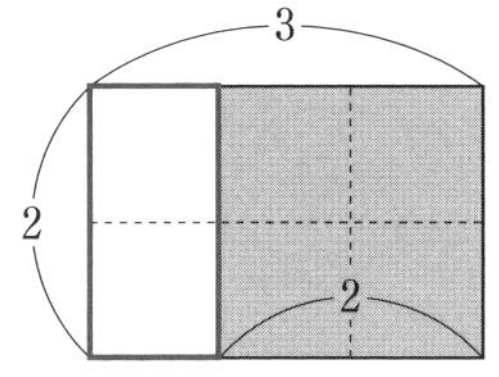

残り
⇨ 縦2，横2の部屋に
タイルを敷きつめる…A_2

（ii） 2辺の長さが1と2の長方形を横に配置する

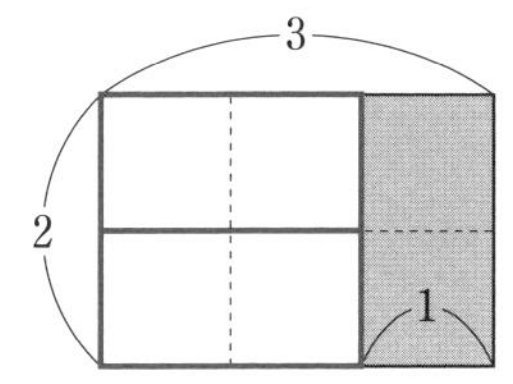

残り
⇨ 縦2，横1の部屋に
タイルを敷きつめる…A_1

（iii） 1辺の長さが2の正方形を配置する

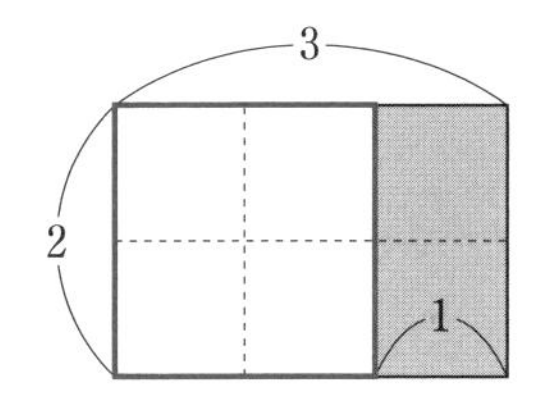

残り
⇨ 縦2，横1の部屋に
タイルを敷きつめる…A_1

以上の状態を考えることで A_3 は

$$A_3 = A_2 + 2A_1 = 3 + 2 \times 1 = 5$$

と求められる。

これを A_n の場合に当てはめて考えてみよう。

9　積が●の倍数

解答目標時間：20 分

問　さいころを n 回（$n \geqq 2$）投げ，k 回目（$1 \leqq k \leqq n$）に出る目を X_k とする。

(1)　積 $X_1X_2\cdots\cdots X_n$ が 10 の倍数である確率を求めよ。

(2)　積 $X_1X_2\cdots\cdots X_n$ が 4 の倍数である確率を求めよ。

〈千葉大学・改〉

10　和が●の倍数

解答目標時間：15 分

問　1 から 40 までの番号をつけた 40 枚のカードが 2 組ある。これら 80 枚のカードを袋に入れてよくかき混ぜて，同時に 3 枚を取り出すとき，次の確率を求めよ。

(1)　3 つの番号の和が 2 の倍数である確率

(2)　3 つの番号の和が 3 の倍数である確率

〈愛媛大学・改〉

★★★

合格へのゴールデンルート

(1)　GR 1　**素因数に着目して考えよう**

積が10の倍数となるときの，『10』という数に着目してみよう。

$10=2\cdot5$ であるから，積が10の倍数となるのは，素因数2，5が少なくとも1個含まれているときである。

GR 2　**余事象を利用しよう**

素因数2，5が少なくとも1個含まれているときを直接考えるのは難しいので，素因数2，5を含まないときの確率を求め，それをもとに解答を作成しよう。

(2)　(1)と同様に4の素因数に着目してみよう。$4=2^2$ であるので，積が4の倍数となるのは，素因数2が2個以上含まれるときになる。

(1)　GR 1　**余りに着目して考えよう**

3つの数の和が偶数となる場合を考える際に，1〜40までの数を2で割った余りで分類してみる。

A（余り0）：2，4，6，…，40（偶数）
B（余り1）：1，3，5，…，39（奇数）

3つの数の和が偶数となる場合は，A を3つ足す場合と，A を1つと B を2つ足す場合が考えられる。

(2)　(1)と同様に3で割った余りで数を分類してみると

X（余り0）：3，6，9，…，39
Y（余り1）：1，4，7，…，37，40
Z（余り2）：2，5，8，…，38

3つの数の和が3の倍数となる場合はどのようなパターンが考えられるだろうか。

11 非復元抽出

解答目標時間：20 分

問　袋の中に青玉が 7 個，赤玉が 3 個入っている。袋から 1 回につき 1 個ずつ玉を取り出す。1 度取り出した玉は袋に戻さないとして，以下の問いに答えよ。

(1)　4 回目に初めて赤玉が取り出される確率を求めよ。

(2)　8 回目が終わった時点で赤玉がすべて取り出されている確率を求めよ。

(3)　赤玉がちょうど 8 回目ですべて取り出される確率を求めよ。

〈東北大学〉

★★★

合格へのゴールデンルート

(1) **GR 1 非復元抽出では並べ方に着目して考えよう**

本問のように取り出した玉を元に戻さないような問題を非復元抽出という。このタイプの問題では取り出した玉を一列に並べていき，玉の並べ方に着目しよう。

7個の青玉と3個の赤玉の並べ方は ${}_{10}C_3$ 通りある。

GR 2 4回目までと5回目以降にわけて赤玉，青玉の並べ方を考えよう

赤玉を○，青玉を×とすると，4回目に初めて赤玉が取り出されるのは，以下のように取り出されるときである。

1	2	3	4	5 …… 10
×	×	×	○	○2個　×4個

(2) **GR 3 全部取り出した状況で考えよう**

8回目まで玉を取り出した状況でも考えられるが，玉1つずつを区別して並べるため多少面倒になる。玉を10個取り出す状況で考えれば，並べ方の ${}_{10}C_3$ 通りが同様に確からしいので数えるのが楽になる。

GR 4 8回目までと9回目以降にわけて赤玉，青玉の並べ方を考えよう

8回目までに赤玉がすべて取り出されるのは，1～8回目で赤玉3個が並べられる状態であるから，以下のように取り出されるときである。

1 2 …… 8	9 10
○3個　×5個	×2個

(3) **GR 5 8回目に赤玉が出ることに注意して並べ方を考えよう**

(2) との違いを考えよう。ちょうど8回目で赤玉がすべて取り出されるので，8回目には必ず赤玉が取り出される。その点に注意して並べ方を考えよう。

12 確率漸化式

解答目標時間：20 分

問　右の図の正八面体 $AB_1B_2B_3B_4C$ の頂点 A を出発し，1 回ごとに等確率で隣りの頂点のいずれかに移動する点 X がある。

例えば n 回目の移動後に点 X が頂点 B_1 にいたとすると $n+1$ 回目には頂点 A，B_2，B_4，C のいずれかに，それぞれ $\frac{1}{4}$ の確率で移動する。

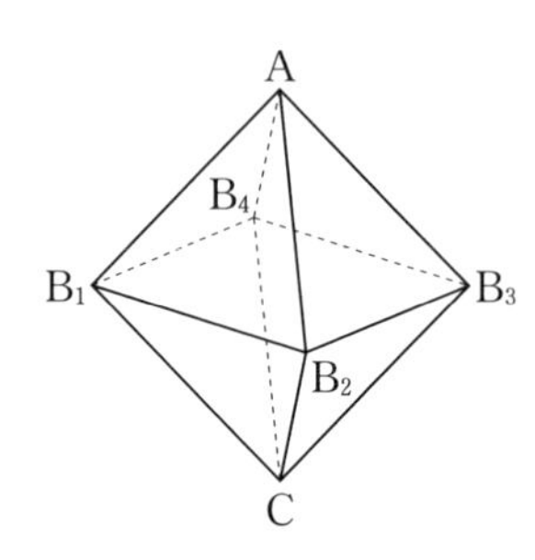

n 回目の移動後に，点 X が頂点 A にいる確率を a_n，頂点 B_1，B_2，B_3，B_4 のいずれかにいる確率を b_n，頂点 C にいる確率を c_n とする（$n \geqq 1$）。

(1)　a_{n+1}，b_{n+1}，c_{n+1} を a_n，b_n，c_n を用いて，それぞれ表せ。

(2)　b_n を n の式で表せ。

〈札幌医科大学・改〉

★★★

合格へのゴールデンルート

(1) GR 1 **確率漸化式では n 回目と $n+1$ 回目の推移をみよう**

本問のように n 回目の状況が限られるような問題では，n 回目と $n+1$ 回目の推移をみることで漸化式をたてられる。

X は n 回目，$n+1$ 回目で必ず A，B_i，C にあるので推移を見てみよう。

GR 2 **B_1，B_2，B_3，B_4 はまとめて考えよう**

例えば，n 回目に X が B_1 にあるとき，$n+1$ 回目に X が A に移動する確率は $\frac{1}{4}$ である。X が B_2，B_3，B_4 にいても同じ確率で A へと移動するので，$B_i \to A$（$i=1$，2，3，4）と移動する確率は $\frac{1}{4}$ になる。

(2) GR 3 **b_n に統一して計算しよう**

複数の漸化式が立式された場合には，対称性に着目したり，文字を消去することを考える。

本問では，a_{n+1}，c_{n+1} がそれぞれ b_n で表すことができ，b_{n+1} の式を利用することで b_n に関する漸化式に帰着できる。

GR 4 **3 項間漸化式は等比数列の形を作ろう**

$a_{n+2}+pa_{n+1}+qa_n=0$ の 3 項間漸化式は，$x^2+px+q=0$ の解 α，β を用いて下のように等比数列の形を作って解いていこう。

$$a_{n+2}+pa_{n+1}+qa_n=0 \iff \begin{cases} a_{n+2}-\alpha a_{n+1}=\beta(a_{n+1}-\alpha a_n) \\ a_{n+2}-\beta a_{n+1}=\alpha(a_{n+1}-\beta a_n) \end{cases}$$

13 整数方程式

解答目標時間：25 分

問 a, b, c を正の整数とするとき，等式

$$\left(1+\frac{1}{a}\right)\left(1+\frac{1}{b}\right)\left(1+\frac{1}{c}\right)=2 \quad \cdots\cdots①$$

について，次の問いに答えよ。

(1) $c=1$ のとき，等式①を満たす正の整数 a, b は存在しないことを示せ。

(2) $c=2$ のとき，等式①を満たす正の整数 a と b の組で $a \geqq b$ を満たすものをすべて求めよ。

(3) 等式①を満たす正の整数の組（a, b, c）で $a \geqq b \geqq c$ を満たすものをすべて求めよ。

〈鳥取大学〉

★★★

合格へのゴールデンルート

(1)　①で $c=1$ としてみると，$a \geqq 1$，$b \geqq 1$ であるから左辺は必ず1より大きくなる。

(2)　**GR 1　2変数の整数方程式では（整数）×（整数）＝（整数）の形を作ろう**

2変数の整数方程式では積の形を作れないか考えてみよう。

例えば x，y を整数として，$xy=6$ という方程式を解くと，

$$(x,\ y)=(\pm 1,\ \pm 6),\ (\pm 2,\ \pm 3),\ (\pm 3,\ \pm 2),\ (\pm 6,\ \pm 1)$$

（複号同順）

と解を求めることができる。

GR 2　$xy+○x+●y=□$ の形は積の形に直そう

$xy+○x+●y$ の形は次のように変形することができる。

$$xy+○x+●y=(x+●)(y+○)-○●$$

より，

$$xy+○x+●y=□ \Leftrightarrow (x+●)(y+○)=□+○●$$

(3)　**GR 3　3変数以上の整数方程式では範囲を絞り込もう**

例えば $c=10$ としてみると，$a \geqq b \geqq 10$ であるから，

$$1+\frac{1}{a} \leqq 1+\frac{1}{10}=\frac{11}{10},\ 1+\frac{1}{b} \leqq 1+\frac{1}{10}=\frac{11}{10}$$

となり，①は

$$\left(1+\frac{1}{a}\right)\left(1+\frac{1}{b}\right)\left(1+\frac{1}{c}\right) \leqq \left(\frac{11}{10}\right)^3 < 2$$

となり，左辺は2と等しくない。

①では a，b，c が大きくなるにつれて左辺の値が小さくなるので，c の値に何かしら制限がつくことが予想される。

このように，整数方程式では文字の値の範囲を絞り込むことが有効な手段となる。

14 1次不定方程式

解答目標時間：25 分

問 (1) 方程式 $65x+31y=1$ の整数解をすべて求めよ。

(2) $65x+31y=2016$ を満たす正の整数の組 $(x,\ y)$ を求めよ。

(3) 2016 以上の整数 m は，正の整数 x，y を用いて $m=65x+31y$ と表せることを示せ。

★★★

合格へのゴールデンルート

(1) GR 1 **具体的な解を1つみつけよう**

65，31で互除法を用いる方法もあるが，$65=31\times2+3$を利用し，
$65x+31y=1 \Leftrightarrow 31(2x+y)+3x=1$と式変形することで，
$31\times\square+3\times\bigcirc=1$となる整数□，○をみつける。

GR 2 **1次不定方程式の解は直線上の格子点とみよう**

座標平面上でx，y座標がともに整数の点を格子点という。

$65x+31y=1 \Leftrightarrow y=-\dfrac{65}{31}x+\dfrac{1}{31}$であり，この方程式の整数解の1つを$x=x_0$，$y=y_0$とすれば，この方程式の整数解は直線上の格子点とみることができる。

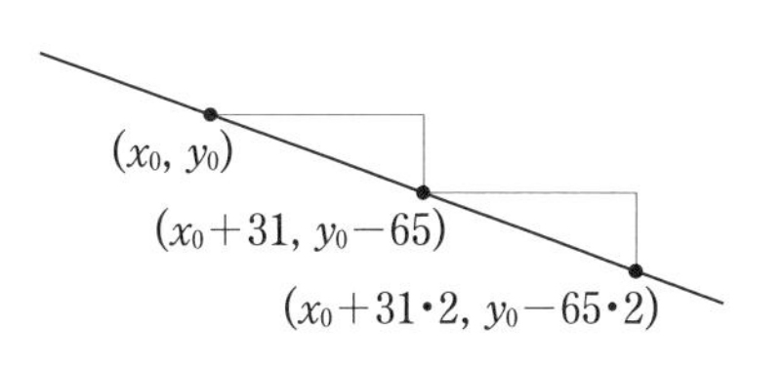

右図において，傾きが$-\dfrac{65}{31}$の直線であることからx，yがk（整数）を用いて表せる。

(2) GR 3 **x，yの係数で2016を割ろう**

$ax+by=c$の方程式でcが大きい数の場合はa，bでcを割ってみる。

GR 4 **方程式を解き，x，yが正となる条件を考えよう**

(1)と同様にx，yがkを用いて表せる。x，yが正という条件からkの条件を求めてみよう。

(3) GR 5 **(1)を利用して具体的な解を見つけよう**

(1)で具体的に整数解が$x=x_0$，$y=y_0$と見つかっているとき，
$65x_0+31y_0=1$を満たしている。両辺をm倍することで，
$65\cdot mx_0+31\cdot my_0=m$となり$x=mx_0$，$y=my_0$と解が見つかる。

GR 6 **不等式の幅を考えよう**

$a\leqq k\leqq b$ $(0<a<b)$を満たす整数kが存在する条件を考える。$b-a$を考えたとき，この値が1より大きくなると必ず整数kが存在する。(右図)

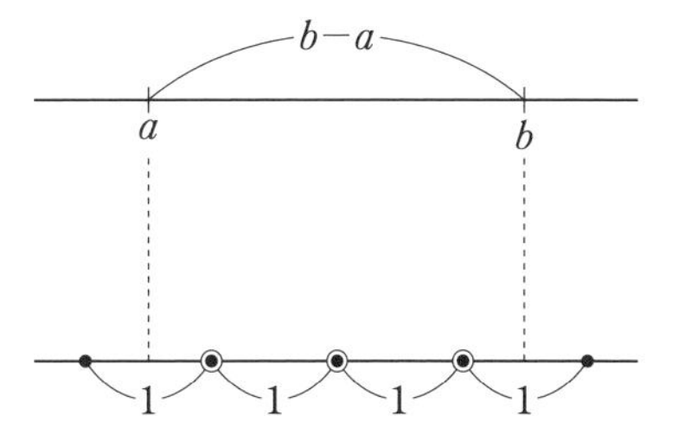

15 無限降下法

解答目標時間：20 分

問 2以上の自然数 n に対して，方程式

$$x^n+2y^n=4z^n \quad \cdots\cdots(*)$$

を考える。

(1) $n=2$ のとき，$(*)$を満たす自然数 x，y，z の例を与えよ。

(2) $n \geqq 3$ のとき，$(*)$を満たす自然数 x，y，z が存在しないことを示せ。

〈首都大学東京〉

★★★

合格へのゴールデンルート

(1) GR 1 整数問題では倍数・余りに着目しよう

(＊)を変形すると，x^2 が偶数となることがわかり，x も偶数であることがわかる。このように倍数に着目することで，x，y，z に関する条件を求めていこう。

(2) GR 2 否定的な命題には背理法が有効

本問では『存在しない』ことを示すので，逆に『存在する』と仮定して矛盾を導く背理法が有効であることが多い。

(1) と同様に x，y，z の倍数に着目してみよう。

GR 3 x^n が偶数→ x が偶数であることを利用しよう

この命題の対偶は「x が奇数→ x^n が奇数」であり，これは真である。

このことから，$x=2X$ と自然数 X を用いて表すことができる。

GR 4 同じ議論を繰り返すことで矛盾をみつけよう

証明の過程で(＊)と同じような式が導かれる。

x，y，z はすべて 2 の倍数であり，同様の議論から X，Y，Z ($Y=2y$，$Z=2z$) もすべて偶数であることがわかる。この議論を続けることで x，y，z は 2 で何回でも割れることになり矛盾が生じる。このような論証を無限降下法という。

16 3次方程式の有理数解

解答目標時間：20分

問 (1) a, b, c を整数とする。x に関する3次方程式 $x^3+ax^2+bx+c=0$ が有理数の解をもつならば，その解は整数であることを示せ。ただし，正の有理数は1以外の公約数をもたない2つの自然数 m, n を用いて $\dfrac{n}{m}$ と表せることを用いよ。

(2) 方程式 $x^3+2x^2+2=0$ は，有理数の解をもたないことを背理法を用いて示せ。

〈神戸大学〉

★★★

合格へのゴールデンルート

(1) GR 1 **有理数のおき方**

有理数とは，自然数 m，整数 n を用いて $\frac{n}{m}$ と表される数である。

m，n は互いに素な 2 数としておいたほうが便利なことが多い。

GR 2 **互いに素な数に着目しよう**

m，n は互いに素な 2 数としているので，(m の倍数) = (n の倍数) という形を目指して式変形しよう。

(2) GR 3 **(1) の結果を利用しよう**

(1) の結果で，有理数解をもつ場合，その解は整数であることがわかる。後は，(1) と同様に倍数に着目して式変形していこう。

GR 4 **積の形を作ろう**

(整数) × (整数) = 2 という形を作ることができるので，ここから左辺の整数はある程度絞られることになる。

17 3文字の相加平均と相乗平均の不等式の証明

解答目標時間：15分

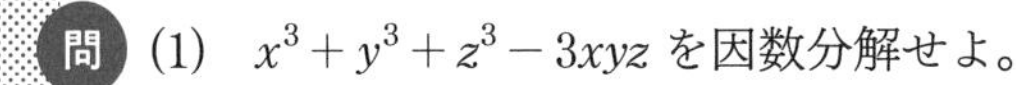

問 (1) $x^3+y^3+z^3-3xyz$ を因数分解せよ。

(2) $a>0$, $b>0$, $c>0$ のとき,

$$\frac{a+b+c}{3} \geqq \sqrt[3]{abc}$$

が成り立つことを証明せよ。

★★★

合格へのゴールデンルート

(1) **GR 1 $x^3+y^3=(x+y)^3-3xy(x+y)$ を利用しよう**

x^3+y^3 という形があるので $x^3+y^3=(x+y)^3-3xy(x+y)$ という変形を行おう。

GR 2 $x+y=A$ としよう

式が煩雑になってくるので $x+y=A$ とおいてみよう。

そうすると A^3+z^3 という形が見えるので，GR 1 と同様の式変形を行おう。

GR 3 共通因数をくくり出そう

因数分解をする際には基本的に積の形を作りながら式変形しよう。

$A+z$ が共通因数として現れるので，これをくくり出してみる。

(2) **GR 4 $x^2+y^2+z^2-xy-yz-zx$ を変形しよう**

$$x^2+y^2+z^2-xy-yz-zx=\frac{1}{2}\{(x-y)^2+(y-z)^2+(z-x)^2\}$$

と変形でき，0 以上であることがわかる。この変形は覚えておこう。

GR 5 (1) を利用しよう

(1) の x，y，z を何かでおきかえることを考えよう。

示すべき不等式は

$$a+b+c-3\sqrt[3]{a}\sqrt[3]{b}\sqrt[3]{c}\geqq 0$$

と変形できるので，

$$x=\sqrt[3]{a},\ y=\sqrt[3]{b},\ z=\sqrt[3]{c}$$

としてみよう。

18　コーシー・シュワルツの不等式

解答目標時間：10 分

問　a, b, c, x, y, z を実数とする。

(1)　$(a^2+b^2+c^2)(x^2+y^2+z^2) \geqq (ax+by+cz)^2$ が成り立つことを示せ。

(2)　$x+y+z=1$ のとき，$x^2+y^2+z^2$ の最小値を求めよ。

〈福岡教育大学〉

★★★

合格へのゴールデンルート

(1) GR 1 **内積をみつけよう**

$ax+by+cz$ は $\overrightarrow{\mathrm{OA}}=\begin{pmatrix}a\\b\\c\end{pmatrix}$ と $\overrightarrow{\mathrm{OP}}=\begin{pmatrix}x\\y\\z\end{pmatrix}$ との内積とみることができる。

そうすると，示したい不等式の左辺はこの2つのベクトルの大きさを2乗したものの積と考えることができる。

GR 2 **等号成立条件に着目しよう**

本来不等式を証明する際に等号が成り立つ条件を調べる必要はない。
本問では(2)で利用するので，この段階で等号成立の条件を調べる。

(2) GR 3 **(1)の不等式を利用しよう**

(1)で示した不等式をうまく利用しよう。$x+y+z=1$ という部分は

$$1\cdot x+1\cdot y+1\cdot z=1$$

とみることができるので，(1)の a，b，c に具体的な値を代入してみよう。

GR 4 **最小値になる x，y，z の値が存在することを調べよう**

例えば，「みんなの数学のテストは60点以上だ」というときに，最低点は60点とは限らず61，62，…の可能性がある。60点をとった人がいて初めて最低点が60点といえるのである。

$x^2+y^2+z^2\geqq a$ という不等式が成り立つとき，$x^2+y^2+z^2$ の最小値が a だとはすぐにはいえず，a という値になる実数 x，y，z が存在することを必ず確認しよう。

GOLDEN ROUTE 1 2 3 4 5 6 7 8 9 10 GOAL

19 2円の共有点を通る円の方程式を求める問題

解答目標時間：30 分

問　xy 平面上の原点を O とし，半円 $x^2+y^2=9$，$y \geqq 0$ を C_1 とおく。半円 C_1 の周上に 2 点 P，Q をとり，弦 PQ を軸として，弧 PQ を折り返し，点 R $(\sqrt{3},\ 0)$ で x 軸に接するようにする。次の問いに答えよ。

(1)　折り返した円弧を円周の一部にもつ円を C_2 とする。円 C_2 の方程式を求めよ。

(2)　3 点 P，O，Q を通る円を C_3 とする。円 C_3 の中心の座標および半径を求めよ。

(3)　円 C_2 の周上に点 A を，円 C_3 の周上に点 B をとるとき，線分 AB の長さの最大値を求めよ。

〈秋田大学〉

★★★

合格へのゴールデンルート

(1) GR 1 C_2 の中心を求めよう

円の方程式を求めるためには中心の座標と半径がわかればよい。

半径：この問題では C_1 を折り返したものが C_2 であるから，C_2 の半径は C_1 の半径と一致する。

中心：C_2 の半径がわかっていることと，C_2 は点Rで x 軸に接することから中心の座標を求められる。

(2) GR 2 C_3 の方程式を k を用いて表そう

点P，Qは円 $x^2+y^2=9$，$C_2:f(x,\ y)=0$ の共有点であり，C_3 はP，Qを通る円である。C_3 は2円の共有点を通る円であるから実数 k を用いて

$$(x^2+y^2-9)+kf(x,\ y)=0 \quad \cdots\cdots ①$$

と表せる。

GR 3 原点を通ることから k の値を求めよう

C_3 は原点を通る円であるから，①が原点を通るように k の値を定める。

(3) GR 4 2点間の距離が最大になる場合を考えよう

C_2，C_3 の円をデフォルメしてみると次のようになる。

右の図からABが最大になるのはどういった場合なのかを考えよう。

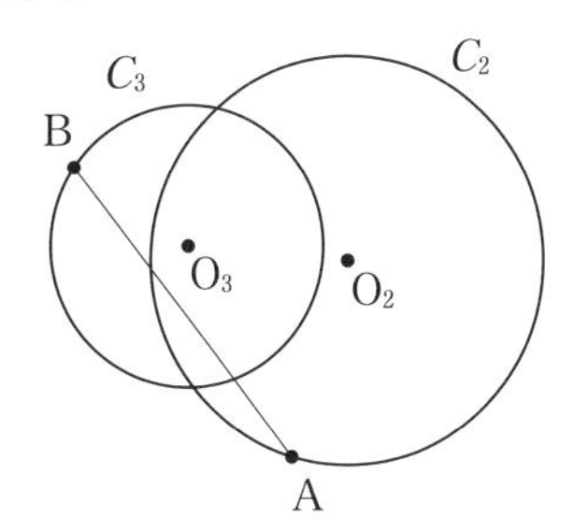

20 軌跡①

解答目標時間：15 分

問　点 $(x,\ y)$ が原点を中心とする半径 1 の円の内部を動くとき，点 $(x+y,\ xy)$ の動く範囲を図示せよ。

〈東京大学〉

★★★

合格へのゴールデンルート

GR 1 x，y の動く範囲を不等式で表そう

点（x，y）は原点中心，半径1の円の内部を動くので x，y は $x^2+y^2<1$ を満たしている。『内部』といわれているので，等号は含まない。

GR 2 $x+y=X$，$xy=Y$ とおこう

軌跡を求める問題であるので，まずは点を（X，Y）とおいて，X，Y の関係式を求めていこう。

GR 3 解と係数の関係を利用しよう

和と積が与えられた2数に関しては解と係数の関係を思い出そう。

$\alpha+\beta=p$，$\alpha\beta=q$ のとき，α，β は2次方程式

$$x^2-px+q=0$$

の解である。

GR 4 実数条件を忘れないように

数学の問題ではしばしば文字を消去することがある。文字を消去する際には必ず文字の範囲を確認するようにしよう。

本問では，「x，y が実数」という条件から新しい文字 X，Y に条件を追加することになる。

21 軌跡② 解答目標時間：20 分

問　xy 平面上の原点 O 以外の点 P$(s,\ t)$ に対して，点 Q を次の条件を満たす平面上の点とする。

$$\begin{cases} \text{Q は，O を始点とする半直線 OP 上にある} \\ \text{OP}\cdot\text{OQ}=1 \end{cases}$$

(1)　点 Q$(X,\ Y)$ とするとき，点 P の座標を X，Y を用いて表せ。

(2)　P が円 $(x-1)^2+(y-1)^2=4$ 上を動くときの Q の軌跡を求め，平面上に図示せよ。

〈静岡大学・改〉

★★★

合格へのゴールデンルート

(1) GR 1 P$(s,\ t)$ を実数 k を用いて表そう

点 Q は半直線 OP 上に存在しているので，ベクトルを利用するとよい。

P の座標を X，Y で表すことが目標なので $\overrightarrow{OP}=k\overrightarrow{OQ}$ $(k>0)$ としよう。

GR 2 OP・OQ$=1$ から k を X, Y を用いて表そう

$OP=k\sqrt{X^2+Y^2}$ と表せるので，OP・OQ$=1$ を用いれば，k を X，Y を用いて表すことができる。

(2) GR 3 s，t が満たす関係式を利用しよう

Q$(X,\ Y)$ の軌跡を求めるので，X，Y の関係式を求めたい。

(1) より s，t は X，Y で表すことができたので，後は s，t の関係式に代入すれば X，Y の関係式が求められる。

GOLDEN ROUTE 1 2 3 4 5 6 7 8 9 10 GOAL

22 おきかえを用いた三角関数の最大・最小

解答目標時間：25 分

問 単位円 $x^2+y^2=1$ 上を動く点Qの座標を $(X,\ Y)$ とする。次の問いに答えよ。

(1) $2X+3Y$ の取り得る値の範囲を求めよ。

(2) $XY-Y^2+\dfrac{1}{2}$ の最大値を求めよ。また，そのときの点Qの座標をすべて求めよ。

(3) $6X^2-3X+4Y^2$ の最小値を求めよ。また，そのときの点Qの座標をすべて求めよ。

〈新潟大学・改〉

★★★

合格へのゴールデンルート

(1) GR 1 **円上の点をパラメーター表示しよう**

円 $x^2+y^2=r^2$ 上に存在する点 $(x,\ y)$ は

$$\begin{cases} x=r\cos\theta \\ y=r\sin\theta \end{cases}$$

と表すことができる。これを利用して，三角関数の最大・最小の問題に帰着させよう。

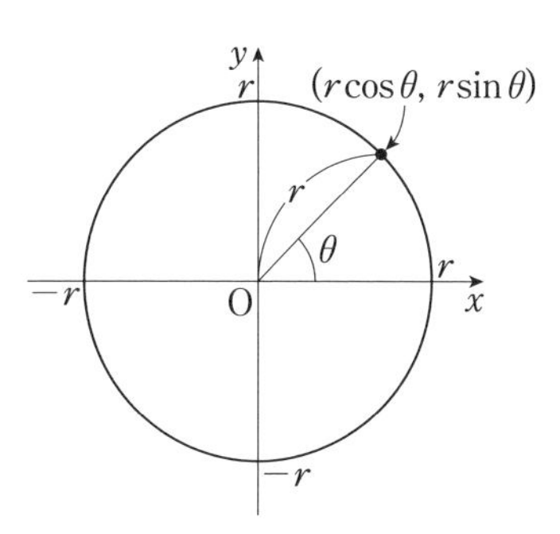

GR 2 **三角関数の合成に着目しよう**

$a\sin\theta+b\cos\theta$ は $r\sin(\theta+\alpha)$ の形に変形できる。α は有名角でなくても変形できることに注意しよう。

(2) GR 3 **角度を 2θ に統一しよう**

$\sin\theta\cos\theta$，$\cos^2\theta$，$\sin^2\theta$ は

$$\sin\theta\cos\theta=\frac{1}{2}\sin2\theta,\quad \cos^2\theta=\frac{1+\cos2\theta}{2},\quad \sin^2\theta=\frac{1-\cos2\theta}{2}$$

と角度を 2θ に統一できることを利用しよう。

GR 4 **$\cos\dfrac{\pi}{8}$，$\sin\dfrac{\pi}{8}$ の値を求めよう**

GR 3 で利用した式を用いれば $\cos^2\dfrac{\pi}{8}$，$\sin^2\dfrac{\pi}{8}$ の値が求められる。

(3) GR 5 **文字を統一しよう**

(2) ではうまくいかないが，(3) では全体を $\cos\theta$ で統一することができる。

GR 6 **定義域に注意しよう**

$X=\cos\theta$ とおきかえているので，X の定義域に注意する。

GOLDEN ROUTE 1 2 3 4 5 6 7 8 9 10 GOAL

23　3次方程式と三角関数

解答目標時間：25分

問 (1)　$\sin 3\theta = 3\sin\theta - 4\sin^3\theta$ が成り立つことを証明せよ。

(2)　$x = \sin\frac{\pi}{9}$，$\sin\frac{2\pi}{9}$，$\sin\left(-\frac{4\pi}{9}\right)$ はいずれも方程式 $4x^3 - 3x + \frac{\sqrt{3}}{2} = 0$ の解であることを証明せよ。

(3)　$\sin\frac{\pi}{9}\sin\frac{2\pi}{9}\sin\frac{4\pi}{9}$ の値を求めよ。

(4)　$\cos\frac{\pi}{18} + \cos\frac{11\pi}{18} + \cos\frac{13\pi}{18}$ の値を求めよ。

〈横浜市立大学・改〉

★★★

合格へのゴールデンルート

GOLDEN ROUTE

(1) GR 1 $3\theta = 2\theta + \theta$ とみて加法定理を利用しよう

$\sin 3\theta = \sin(2\theta + \theta)$ とみれば加法定理を利用できる。

GR 2 $\sin\theta$ に統一しよう

示すべき式の右辺は $\sin\theta$ のみで表されているので，$\cos^2\theta = 1 - \sin^2\theta$，$\cos 2\theta = 1 - 2\sin^2\theta$ を用いて $\sin\theta$ に統一しよう。

(2) GR 3 代入して 0 になることを示そう

方程式 $4x^3 - 3x + \dfrac{\sqrt{3}}{2} = 0$ が $x = \alpha$ を解にもつことを示すには，

$4\alpha^3 - 3\alpha + \dfrac{\sqrt{3}}{2} = 0$ が成り立つことが示せればよい。

x に $\sin\dfrac{\pi}{9}$，$\sin\dfrac{2\pi}{9}$，$\sin\left(-\dfrac{4\pi}{9}\right)$ を代入して 0 になることを示そう。

GR 4 (1) を利用しよう

$\sin 3\theta = 3\sin\theta - 4\sin^3\theta$ において，$\theta = \dfrac{\pi}{9}$ とすると，

$$\sin\frac{\pi}{3} = 3\sin\frac{\pi}{9} - 4\sin^3\frac{\pi}{9} \iff 4\left(\sin\frac{\pi}{9}\right)^3 - 3\left(\sin\frac{\pi}{9}\right) + \frac{\sqrt{3}}{2} = 0$$

となり，$4x^3 - 3x + \dfrac{\sqrt{3}}{2}$ に $x = \sin\dfrac{\pi}{9}$ を代入した式になる。

(3) GR 5 解と係数の関係を利用しよう

方程式 $4x^3 - 3x + \dfrac{\sqrt{3}}{2} = 0$ の解が $x = \sin\dfrac{\pi}{9}$，$\sin\dfrac{2\pi}{9}$，$\sin\left(-\dfrac{4\pi}{9}\right)$ であるから，解と係数の関係を用いれば求めたいものがでてくる。

(4) GR 6 $\dfrac{11\pi}{18} = \dfrac{\pi}{2} + \dfrac{\pi}{9}$ を利用しよう

(3) を利用できないかと考えたとき，$\dfrac{\pi}{9} = 20^\circ$，$\dfrac{11\pi}{18} = 110^\circ$ であるから，

$\dfrac{11\pi}{18} = \dfrac{\pi}{2} + \dfrac{\pi}{9}$ とすることで，$\cos\left(\dfrac{\pi}{2} + \dfrac{\pi}{9}\right) = -\sin\dfrac{\pi}{9}$ となる。

$\dfrac{\pi}{18}$ や $\dfrac{13\pi}{18}$ も同様に考えてみよう。

24 積和の公式

解答目標時間：30 分

問　A, B, C を三角形の内角とする。

(1)　$\sin\dfrac{A}{2}\sin\dfrac{B}{2} \leqq \dfrac{1}{2}\left(1-\sin\dfrac{C}{2}\right)$ が成り立つことを証明せよ。

(2)　$\sin\dfrac{A}{2}\sin\dfrac{B}{2}\sin\dfrac{C}{2} \leqq \dfrac{1}{8}$ が成り立つことを証明せよ。

(3)　三角形の外接円と内接円の半径をそれぞれ R, r とすると，$R \geqq 2r$ が成り立つことを証明せよ。

　ただし，$\sin A+\sin B+\sin C \geqq 4\sin A\sin B\sin C$ が成り立つことを利用してよい。

〈滋賀医科大学・改〉

★★★

合格へのゴールデンルート

(1) GR 1 **積和の公式を利用しよう**

$\sin\alpha\sin\beta=-\frac{1}{2}\{\cos(\alpha+\beta)-\cos(\alpha-\beta)\}$ を利用して $\sin\frac{A}{2}\sin\frac{B}{2}$ を和の形に直そう。

$\sin\frac{A}{2}\sin\frac{B}{2}=-\frac{1}{2}\left\{\cos\frac{A+B}{2}-\cos\frac{A-B}{2}\right\}$ となり，本問では $A+B+C=\pi$ という関係にあるので，$A+B$ が消去できる。

GR 2 **不等式 $X\geqq Y$ の示し方**

$X\geqq Y$ を示す方法の1つに $X-Y\geqq 0$ を示すというものがある。

GR 1 を利用した後に，$\frac{1}{2}\left(1-\sin\frac{C}{2}\right)-\sin\frac{A}{2}\sin\frac{B}{2}$ を計算し0以上になることを確認しよう。

(2) GR 3 **$\sin\frac{C}{2}$ に統一しよう**

(1)の結果から，$\sin\frac{A}{2}\sin\frac{B}{2}$ の範囲が $\sin\frac{C}{2}$ の式で表せることがわかる。

そうすると，示したい不等式の左辺が $\sin\frac{C}{2}$ のみで表せる。

(3) GR 4 **外接円の半径→正弦定理の利用**

外接円の半径を利用することになるので，正弦定理を用いることになる。

GR 5 **内接円の半径を利用しよう**

内接円の半径を利用することになるので，

$S=\frac{r}{2}(a+b+c)$ （S：三角形の面積，a，b，c：3辺の長さ）

という関係式を用いることになる。

25　指数関数の最大・最小

解答目標時間：20 分

問　a を定数，x を実数とし，$y=9^x+\dfrac{1}{9^x}-4a\left(3^x+\dfrac{1}{3^x}\right)$ とする。$t=3^x+\dfrac{1}{3^x}$ とおく。

(1)　t のとりうる値の範囲を求めよ。

(2)　y を t の式で表せ。

(3)　y の最小値とそのときの x の値を，a を用いてそれぞれ表せ。

〈大分大学〉

★★★

合格へのゴールデンルート

(1) GR 1 **相加平均・相乗平均の不等式を利用しよう**

$3^x>0$, $\dfrac{1}{3^x}>0$ であり，$3^x\cdot\dfrac{1}{3^x}=1$（定数）となることから，相加平均・相乗平均の不等式を利用しよう。

(2) GR 2 **t^2 を計算してみよう**

$9^x+\dfrac{1}{9^x}=(3^x)^2+\left(\dfrac{1}{3^x}\right)^2$ であるから，t^2 を計算するとこの部分が現れる。

考え方としては，

$$x^2+y^2=(x+y)^2-2xy$$

の計算と同じ。

(3) GR 3 **軸の位置で場合わけしよう**

関数 y の定義域は $t\geqq 2$ であるので，軸 $x=2a$ が定義域に含まれるかを確認しなければならない。

GR 4 **$3^x+\dfrac{1}{3^x}=2a$ の解き方をくふうしよう**

$3^x=X$ とおくと，$X+\dfrac{1}{X}=2a$ となり，両辺 X 倍すると X の 2 次方程式となる。また，$X=3^x>0$ であることから，解が正の値であることを確認しよう。

GOLDEN ROUTE 1 2 3 4 5 6 7 8 9 10 GOAL

26　対数と領域

解答目標時間：15 分

問　不等式 $\log_x y + 2\log_y x < 3$ を満たす点（x，y）の存在する範囲を図示せよ。

〈津田塾大学〉

★★★

合格へのゴールデンルート

GR 1 底，真数の条件を求めよう

$\log_a M$ において，底 a は $a>0$ かつ $a \neq 1$，真数 M は $M>0$ という条件を考えよう。

GR 2 底を統一しよう

指数や対数の問題では，底を統一すると式が考えやすくなることが多い。本問でも底を x（or y）に統一して考えてみよう。

GR 3 $\log_x y = t$ とおきかえよう

$\log_x y = t$ とおきかえると，与えられた不等式は $t+\dfrac{2}{t}<3$ と変形できるので，t に関して不等式を解いていこう。

GR 4 両辺に t^2 をかけよう

t の正負がわからないため，$t+\dfrac{2}{t}<3$ を両辺 t 倍して $t^2+2<3t$ としてはいけない（$t<0$ の場合は不等号の向きが変わる）。

$t^2>0$ であるから，両辺 t^2 倍することで不等号の向きを変えず，分母の t を払うことができる。

GR 5 グラフを用いよう

不等式の解を求める際にはグラフを利用してみよう。

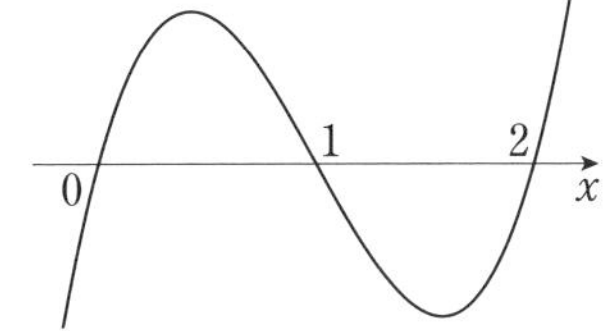

GR 6 $0<x<1$，$x>1$ で場合わけをしよう

例えば，$\log_a x_1 < \log_a x_2$ を解く際に，$0<a<1$，$a>1$ で不等号の向きが変わることに注意しよう。

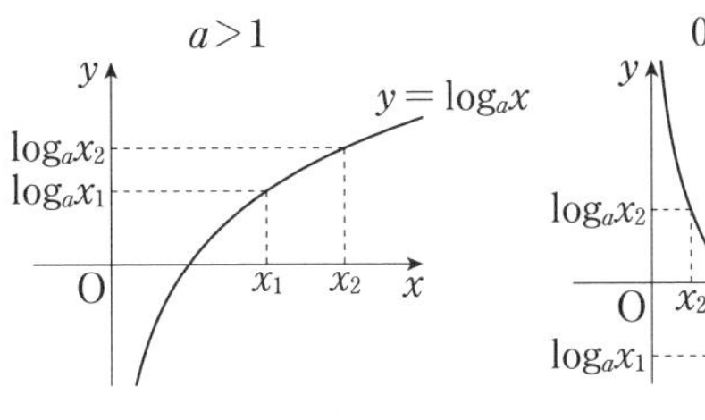

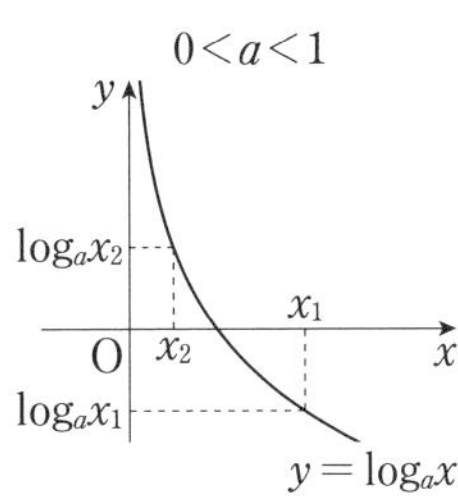

27 最高位の数字

解答目標時間：20 分

問 次の問いに答えよ。ただし，$\log_{10}2 = 0.3010$，$\log_{10}3 = 0.4771$，$\log_{10}7 = 0.8451$，$\log_{10}11 = 1.0414$ とする。

(1) n を自然数とし，7^n が 60 桁で最高位の数字が 1 となるとき，n の値を求めよ。

(2) (1) のとき最高位の次の位の数字を求めよ。

〈早稲田大学・改〉

★★★

合格へのゴールデンルート

(1) GR 1 7^n を不等式で評価しよう

7^n は桁数と最高位の数字がわかっているので，

$$a \cdot 10^{\bullet} \leqq 7^n < (a+1) \cdot 10^{\bullet}$$

と不等式で評価することができる。

GR 2 桁数，最高位の数字に着目しよう

桁数と最高位の数字に関して 5432 という数を例にとって考えてみよう。

4 桁で最高位の数字が 5 であるから，

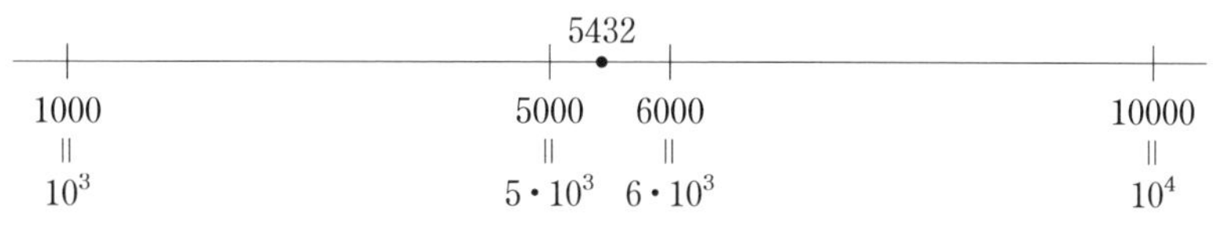

$$5000 \leqq 5432 < 6000 \iff 5 \cdot 10^3 \leqq 5432 < 6 \cdot 10^3$$

ある数 N の桁数が n，最高位の数字が α であるとき，

$$\alpha \cdot 10^{n-1} \leqq N < (\alpha+1) \cdot 10^{n-1}$$

と表すことができる。

(2) GR 3 最高位の次の位の数字に着目しよう

最高位の数字の考え方と同じく不等式を用いて考えてみよう。

例えば，5432 は

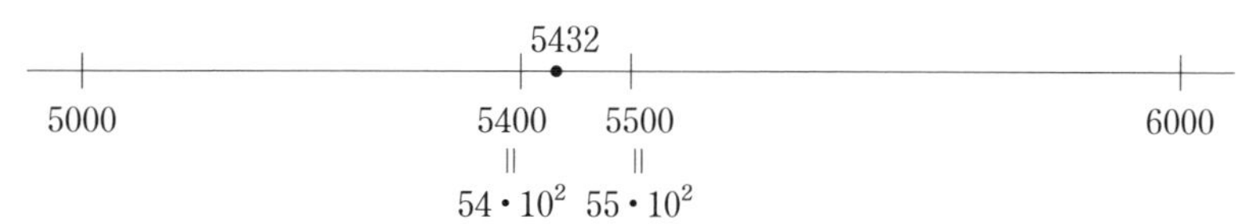

$$5400 \leqq 5432 < 5500 \iff 54 \cdot 10^2 \leqq 5432 < 55 \cdot 10^2$$

と表せることから，最高位の次の位の数字は 4 だとわかる。

つまり $7^{70} = 10^{59.157}$ に対して，

$$\alpha \cdot 10^{58} \leqq 10^{1.157} \cdot 10^{58} < (\alpha+1) \cdot 10^{58}$$

となる 2 桁の数 α がわかればよい。

28 3次方程式の解

解答目標時間：20分

問 (1) 3次方程式 $x^3+ax^2+bx+c=0$ の解が α, β, γ であるとき，3つの係数 a, b, c を α, β, γ で表せ。

(2) 次の2条件

(i) 縦，横，高さを加えると9になる

(ii) 表面積は48である

を満たす直方体の体積のうちで最大のものを求めよ。

〈埼玉大学〉

★★★

合格へのゴールデンルート

(1) GR 1 **因数分解しよう**

3次方程式 $x^3+ax^2+bx+c=0$ の解が α, β, γ であるから左辺が次のように因数分解できる。

$$x^3+ax^2+bx+c=(x-\alpha)(x-\beta)(x-\gamma)$$

(2) GR 2 **3辺の長さを α, β, γ として条件を立式しよう**

直方体の3辺の長さを α, β, γ とすると，条件(i)，(ii)から

$$\alpha+\beta+\gamma,\ \alpha\beta+\beta\gamma+\gamma\alpha$$

の値がわかる。

GR 3 **解と係数の関係を利用しよう**

体積は $\alpha\beta\gamma$ である。GR 2 と合わせて $\alpha+\beta+\gamma$, $\alpha\beta+\beta\gamma+\gamma\alpha$, $\alpha\beta\gamma=V$ から，α, β, γ は方程式 $x^3-9x^2+24x-V=0$ の3解であるとわかる。

GR 4 **方程式の解→グラフの共有点に着目しよう**

$x^3-9x^2+24x=V$ の解は $y=x^3-9x^2+24x$ のグラフと直線 $y=V$ の共有点の x 座標だと考えられる。α, β, γ は正の値であるから，この方程式が正の解を3つもつ条件を考えていこう。

29 3次不等式

解答目標時間：20 分

問 a を実数とし，関数 $f(x)=x^3-3ax+a$ を考える。$0 \leqq x \leqq 1$ において $f(x) \geqq 0$ となるような a の範囲を求めよ。

〈大阪大学〉

★★★

合格へのゴールデンルート

GR 1 必要条件を考えよう

$0 \leqq x \leqq 1$ におけるすべての x で $f(x) \geqq 0$ が成り立つので，具体的に $f(0) \geqq 0$，$f(1) \geqq 0$ となる a の値の範囲を考えよう。このように a の必要条件を考えることで，後の場合わけを少なくできる。

GR 2 $0 \leqq x \leqq 1$ における最小値を求めよう

$0 \leqq x \leqq 1$ において $f(x) \geqq 0$ が成り立つとき，$y=f(x)$ のグラフが $0 \leqq x \leqq 1$ において x 軸より上側にあることになる。

つまり，$f(x)$ の $0 \leqq x \leqq 1$ における最小値が 0 以上である条件を考える。

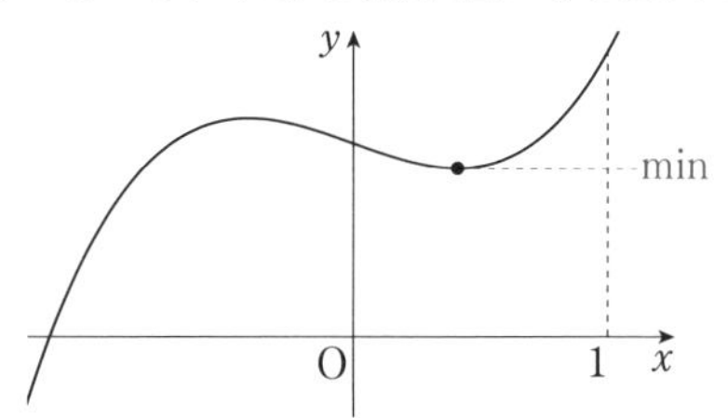

GR 3 $a=0$，$a>0$ で場合わけしよう

$a=0$ と $a>0$ のときで，$f(x)$ の増減が異なるので場合わけをして考えよう。

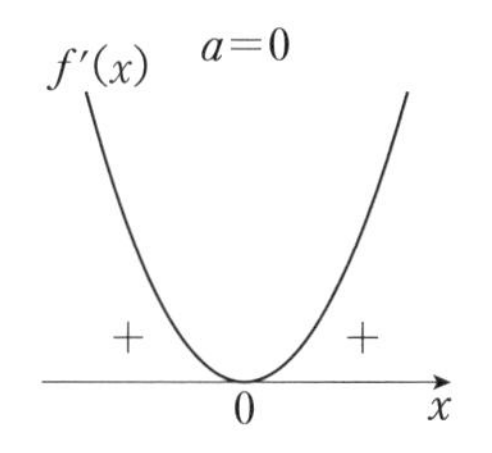

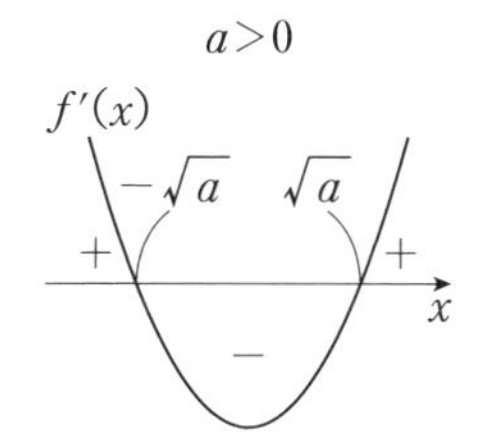

GR 4 $\sqrt{a}$ と 1 の大小を比較しよう

$f(x)$ の増減から $f(x)$ は $x=\sqrt{a}$ か $x=1$ で最小値をとることがわかる。どちらで最小となるかを考える必要があるので，$\sqrt{a}$ と 1 の大小を比較して確認しよう。

30　積分方程式

解答目標時間：20 分

問　整式の $f(x)$ と実数 C が

$$\int_0^x f(y)dy + \int_0^1 (x+y)^2 f(y)dy = x^2 + C$$

を満たすとき，この $f(x)$ と C を求めよ。

〈京都大学〉

★★★

合格へのゴールデンルート

GR 1 どの文字の関数かを考えよう

被積分関数がどの文字についての関数なのかを意識しよう。

dy とあるので，y について積分することになり，x は定数とみなして $\int$ の外に出すことができる。

GR 2 $\int_a^a f(x)dx=0$ を利用しよう

$x=0$ とすれば，$\int_a^a f(x)dx=0$ を利用できる。

GR 3 積分区間に変数がない→定数とみよう

$\int_0^1 f(y)dy$ や $\int_0^1 yf(y)dy$ は積分区間に変数を含まないので文字定数を用いて

$$\int_0^1 f(y)dy=A,\ \int_0^1 yf(y)dy=B$$

とおける。文字定数でおいた後は $f(y)$ を A，B で表し，

$$\int_0^1 f(y)dy,\ \int_0^1 yf(y)dy$$

を計算しよう。

GR 4 積分区間に変数がある→微分しよう

a を定数，x を変数とする。$\int f(t)dt=F(t)+C$ としたとき，

$$\int_a^x f(t)dt=\Big[F(t)\Big]_a^x=F(x)-F(a)$$

に対して，a は定数であり $F'(x)=f(x)$ が成り立つことから，両辺を x で微分すると $\dfrac{d}{dx}\left(\int_a^x f(t)dt\right)=f(x)$ が成り立つ。

積分区間に変数を含むときは，上の定理を用いることを意識しよう。

GOLDEN ROUTE 1 2 3 4 5 6 7 8 9 10 GOAL

31 絶対値のついた積分

解答目標時間：20 分

問　次の問いに答えよ。ただし，$a>0$ とする。

(1)　関数 $y=|x^2-a^2|$ のグラフの概形をかけ。

(2)　定積分 $S=\int_0^2 |x^2-a^2|dx$ を a を用いて表せ。

(3)　S の最小値とそのときの a の値を求めよ。

〈新潟大学〉

★★★

合格へのゴールデンルート

(1)　GR 1　$y=|f(x)|$ のグラフを考えよう

$y=|f(x)|$ のグラフは $y=f(x)$ のグラフの x 軸より下側にある部分を x 軸に関して折り返すことでかける。

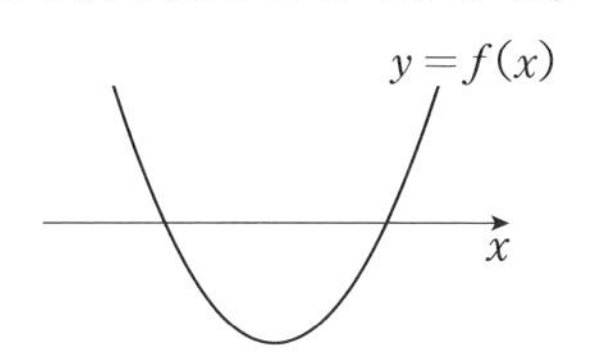

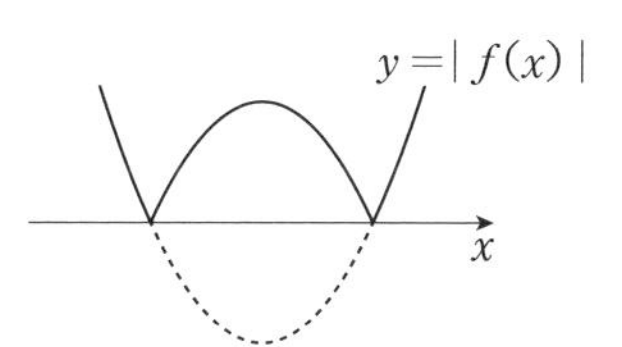

(2)　GR 2　絶対値記号を外そう

まずは $\int_0^2 |x^2-a^2|dx$ において絶対値記号を外そう。

絶対値記号は $|X|=\begin{cases} X & (X \geqq 0) \\ -X & (X \leqq 0) \end{cases}$ と外すことができるが，(1) でかいた $y=|x^2-a^2|$ のグラフを利用するとよい。

GR 3　a と 2 の大小を比較しよう

積分区間が $0 \leqq x \leqq 2$ であるから，下図のように a と 2 の大小関係をみることで絶対値記号が外せる。

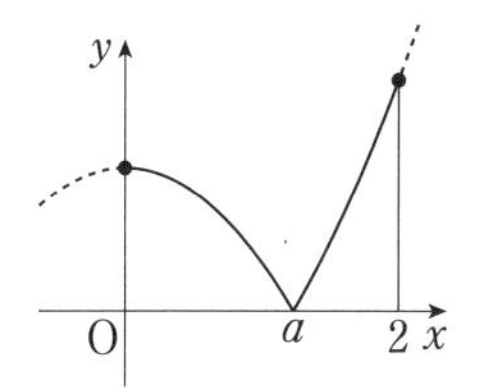

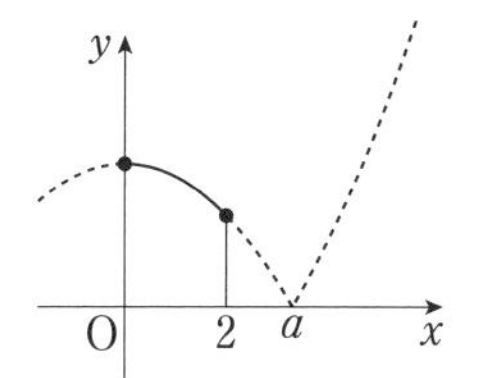

(3)　GR 4　$0<a \leqq 2$，$a \geqq 2$ にわけて最小値を考えよう

S は $0<a \leqq 2$ のときと $a \geqq 2$ のときで異なる関数であるので，各々の区間における最小値を比較することになる。

32　4次関数のグラフとその接線が囲む部分の面積

解答目標時間：25分

問　$f(x)=x^4-4x^3-8x^2$ とする。

(1)　曲線 $y=f(x)$ に2点で接する直線 l の方程式を求めよ。

(2)　$y=f(x)$ のグラフと直線 l とで囲まれる部分の面積を求めよ。

〈北海道大学〉

★★★

合格へのゴールデンルート

(1) GR 1 **接線を $y=mx+n$ とおこう**

接線が絡む問題では接点の x 座標を t とおいて解き始めることが多いが，本問では GR 1 を利用したいので，$y=mx+n$ と直線の式をおくところから解き始めよう。

GR 2 **$f(x)-(mx+n)$ に着目しよう**

$y=f(x)$ と $y=mx+n$ が $x=\alpha$, β で接するとき $f(x)-(mx+n)=0$ の解が α, β であり，それぞれが重解になるので

$$f(x)-(mx+n)=(x-\alpha)^2(x-\beta)^2$$

と変形できる。これが x の恒等式になるので係数を比較しよう。

(2) GR 3 **面積を求める準備をしよう**

面積を求めるには，共有点の x 座標とグラフの上下関係がわかればよい。

- 共有点の x 座標
  (1) の過程で $\alpha+\beta$, $\alpha\beta$ の値が求まっているので，解と係数の関係を利用すると α, β が求められる。
- グラフの上下
  (1) から $f(x)-(mx+n)=(x-\alpha)^2(x-\beta)^2$ となり，0 以上であることから区間 $\alpha \leqq x \leqq \beta$ において，$y=f(x)$ が直線 l の上側にある。

GR 4 **$\displaystyle\int_\alpha^\beta (x-\alpha)^2(x-\beta)^2\,dx$ の計算をしよう**

展開して計算すると計算量が多いので

$$\int (x+a)^n\,dx=\frac{1}{n+1}(x+a)^{n+1}+C$$

を利用しよう。

$(x-\alpha)^2(x-\beta)^2$ において，$x-\beta=(x-\alpha)+\alpha-\beta$ と変形し，$x-\alpha$ を 1 つの塊とみて計算してみよう。

33 差分

解答目標時間：25 分

問 (1) $\sin\dfrac{x}{2}\sin kx=\dfrac{1}{2}\left\{\cos\left(k-\dfrac{1}{2}\right)x-\cos\left(k+\dfrac{1}{2}\right)x\right\}$ を示せ。

(2) $n\geqq 3$ とする。中心 O，半径 r の円周上に n 個の点 P_1，P_2，…，$P_n=P_0$ が順番に並んでおり，以下の条件を満たす。

$$\angle P_{k-1}OP_k=k\angle P_0OP_1 \quad (k=1,\ 2,\ \cdots,\ n)$$

このとき，多角形 $P_1P_2\cdots P_n$ の面積 S_n を求めよ。

ただし，$\sin\dfrac{\angle P_0OP_1}{2}\neq 0$ とする。

〈高知大学・改〉

★★★

合格へのゴールデンルート

GOLDEN ROUTE

(1) GR❶ **積和の公式を利用しよう**

$\sin\dfrac{x}{2}\sin kx$ を和（差）の形で表すことが目標であるから，

$$\sin A\sin B=-\frac{1}{2}\{\cos(A+B)-\cos(A-B)\}$$

を利用しよう。

(2) GR❷ **$\triangle OP_{k-1}P_k$ の面積を求めよう**

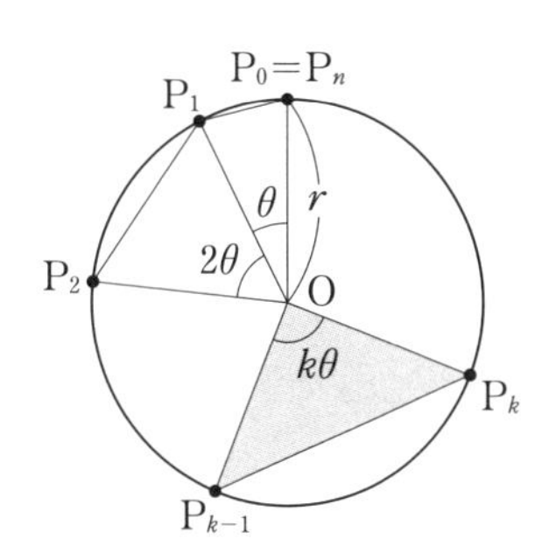

円に内接する多角形の面積を求める際には中心と各頂点を結んだ三角形の面積を考えるとよい。$\triangle OP_{k-1}P_k$ の面積を求めるには $\angle P_{k-1}OP_k$ が必要であるから，$\angle P_0OP_1=\theta$ とおいて考えよう。

GR❸ **$\displaystyle\sum_{k=1}^{n}\sin k\theta$ を求めよう**

$b_k=\cos\left(k-\dfrac{1}{2}\right)\theta$ とすると，(1) から $\sin\dfrac{\theta}{2}\sin k\theta=\dfrac{1}{2}(b_k-b_{k+1})$ と変形できる。各辺を $k=1$ から n まで和をとると，

$$(\text{左辺})=\sum_{k=1}^{n}\sin\frac{\theta}{2}\sin k\theta$$

$$=\sin\frac{\theta}{2}\sum_{k=1}^{n}\sin k\theta$$

$$(\text{右辺})=\frac{1}{2}\sum_{k=1}^{n}(b_k-b_{k+1})$$

$$=\frac{1}{2}\{(b_1-\cancel{b_2})+(\cancel{b_2}-\cancel{b_3})+\cdots+(\cancel{b_n}-b_{n+1})\}$$

$$=\frac{1}{2}(b_1-b_{n+1})$$

と計算できることを利用しよう。

34 群数列

解答目標時間：30 分

問　正の整数 k に対して，a_k を $\sqrt{k}$ の整数部分とする。
例えば，$a_2=1$，$a_4=2$，$a_8=2$ である。

(1)　$\displaystyle\sum_{k=1}^{15} a_k$ の値を求めよ。

(2)　m を正の整数とするとき，$a_k=m$ となる k の個数を m を用いて表せ。

(3)　$\displaystyle\sum_{k=1}^{1000} a_k$ の値を求めよ。

〈成蹊大学〉

★★★

合格へのゴールデンルート

(1) GR 1 **具体化してみよう**

例えば，$k=2$ のとき，a_2 は $\sqrt{2}$ の整数部分である。

$1<\sqrt{2}<2$ であることから，$a_2=1$ とわかる。このように具体的な k の値に対して，a_k がどんな値になるのかを考えてみよう。

(2) GR 2 **$\sqrt{k}=m$ となる k の値に着目しよう**

(1) で具体的な k の値について考えてきたことを利用してみよう。

例えば，$a_k=4$ を考えてみよう。$4^2\leqq k<5^2$ であれば $\sqrt{k}$ の整数部分が 4 になる。したがって，$a_k=4$ となる k の値は $k=16$, 17, …, 24 である。

GR 3 **数の数え方に注意しよう**

$5\leqq x\leqq 10$ を満たす整数 x の個数は何個あるだろうか。区間の端の値が含まれるか否かに注意しよう。$10-5$ では端の値（5 か 10）のどちらかが含まれないことになるので，$10-5+1$ と 1 を加えて数える。

本問では，$m+1$ は含まれないので，1 を加える必要はない。

(3) GR 4 **群数列を考えよう**

$a_n=m$ となる数列 $\{a_n\}$ の各項は下のように群に分けることができる。

群	1	2	…	m	$m+1$
n	1, 2, 3	4, 5, …, 8	…	m^2, m^2+1, …, $(m+1)^2-1$	$(m+1)^2$, …
a_n	1	2	…	m	$m+1$
群内の項数	3	5	…	$2m+1$	$2m+3$

このことを利用して考えていこう。

GR 5 **a_{1000} が第何群にあるかを考えよう**

$$\sum_{k=1}^{10}a_k=\underbrace{a_1+a_2+a_3}_{\text{第 1 群の総和}}+\underbrace{a_4+a_5+a_6+a_7+a_8}_{\text{第 2 群の総和}}+\underbrace{a_9+a_{10}}_{\text{第 3 群の 2 項の和}}$$

上のように和を計算する際には，（各群の総和）+（残りの項の和）と計算できる。

a_{1000} が第何群の何番目の数なのかを考えてみよう。

GOLDEN ROUTE 1 2 3 4 5 6 7 8 9 10 GOAL

35 図形と漸化式

解答目標時間：30 分

問　xy 平面の点（0，1）を中心とする半径 1 の円を C とし，第 1 象限にあって x 軸と C に接する円 C_1 を考える。次に，x 軸，C，C_1 で囲まれた部分にあって，x 軸とこれら 2 円に接する円を C_2 とする。以下同様に，C_n（$n=2$，3，…）を x 軸，C，C_{n-1} で囲まれた部分にあって，これらに接する円とする。

(1)　C_1 の中心の x 座標を a とするとき，C_1 の半径 r_1 を a を用いて表せ。

(2)　C_n の半径 r_n を a と n を用いて表せ。

〈東北大学〉

★★★

合格へのゴールデンルート

(1) GR 1 2円が外接するときの位置関係を考えよう

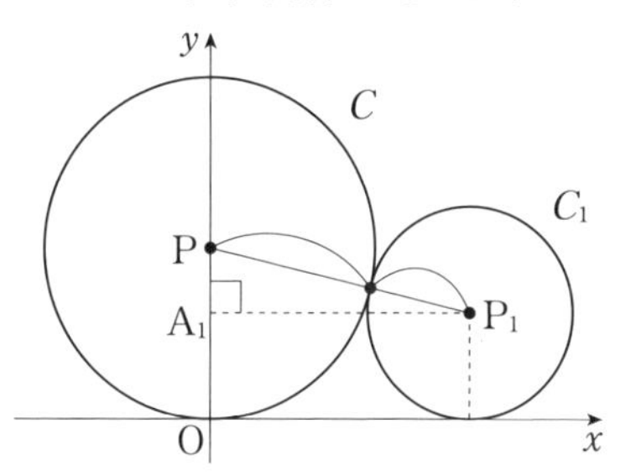

2円が外接しているとき,

$(C$ と C_1 の中心間の距離$)=(C$ の半径$)+(C_1$ の半径$)$

が成り立つ。また,上図の直角三角形 PP_1A_1 に着目して三平方の定理を利用してみよう。

(2) GR 2 条件を立式しよう

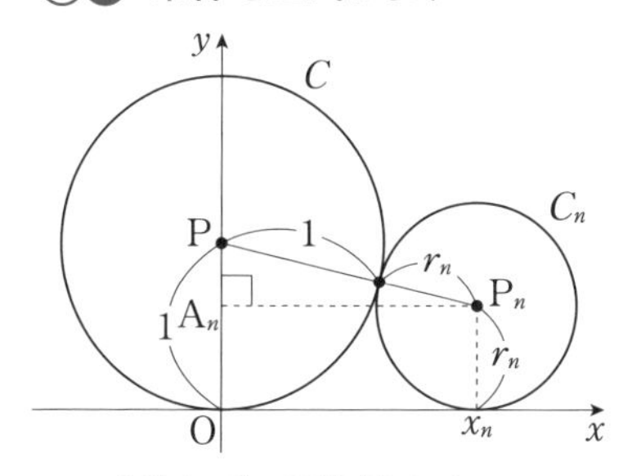

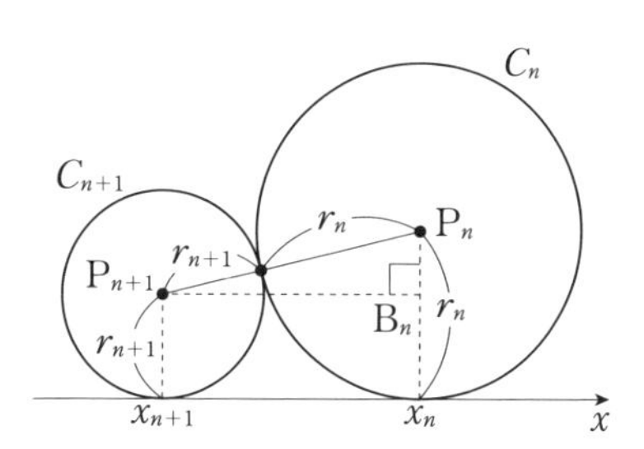

$\begin{cases} C \text{ と } C_n \text{ が外接する} \\ C_n \text{ と } C_{n+1} \text{ が外接する} \end{cases}$

という条件がある。どちらも(1)と同様に2円が外接するという条件なので,(1)と同じ箇所に着目してみよう。

GR 3 漸化式の式変形をしよう

漸化式を解く際には,基本的に等比数列の形を作ったり,隣接する2項になるように式変形する。

$\sqrt{r_n r_{n+1}}=\sqrt{r_n}-\sqrt{r_{n+1}}$ に関して,$\sqrt{r_n}=a_n$ とすると,

$$\sqrt{r_n r_{n+1}}=\sqrt{r_n}-\sqrt{r_{n+1}} \Leftrightarrow a_n a_{n+1}=a_n-a_{n+1}$$

となるので,両辺 $a_n a_{n+1}$ で割るとうまくいく。

36　k, $k+1$ の帰納法

解答目標時間：30 分

問　2 次方程式 $x^2-4x+1=0$ の 2 つの解を α，β とする。
$S_n=\alpha^n+\beta^n$ とするとき，以下の問いに答えよ。

(1)　S_2，S_3 の値をそれぞれ求めよ。

(2)　S_{n+2} を S_{n+1}，S_n を用いて表せ。

(3)　すべての自然数 n に対して，S_n は偶数になることを示せ。

(4)　$\alpha>\beta$ とする。このとき，すべての自然数 n に対して，$[\alpha^n]$ は奇数になることを示せ。ただし，$[\alpha^n]$ は α^n 以下の最大の整数を表す。

〈香川大学・改〉

★★★

合格へのゴールデンルート

(1) GR 1 **解と係数の関係・基本対称式を利用しよう**

解と係数の関係より，$\alpha+\beta=4$，$\alpha\beta=1$ とわかる。

$S_2=\alpha^2+\beta^2$，$S_3=\alpha^3+\beta^3$ であるから，S_2，S_3 を $\alpha+\beta$，$\alpha\beta$ を用いて表そう。

(2) GR 2 **$\alpha^{n+2}+\beta^{n+2}$ の表し方をくふうしよう**

$\alpha^{n+2}+\beta^{n+2}$ を $\alpha^{n+1}+\beta^{n+1}$，$\alpha^n+\beta^n$ を用いて表すことを考える。

$\alpha^{n+2}+\beta^{n+2}$ を作るには $(\alpha^{n+1}+\beta^{n+1})(\alpha+\beta)$ から，余分な項を引けばよい。

実際に計算してみると，

$$(\alpha^{n+1}+\beta^{n+1})(\alpha+\beta)=\alpha^{n+2}+\beta\cdot\alpha^{n+1}+\alpha\cdot\beta^{n+1}+\beta^{n+2}$$

となり余分な項が判明するので，その部分を引けばよい。

(3) GR 3 **数学的帰納法を使うことを考えてみよう**

自然数 n に関する証明であり，(2) で漸化式を求めていることから数学的帰納法を用いることを考えてみよう。$n=k$ のみで仮定しても $n=k+1$ での成立をうまく示せないので，$n=k$，$k+1$ での成立を仮定し，$n=k+2$ での成立を示そう。

(4) GR 4 **$0<\beta<1$ に着目しよう**

$\beta=2-\sqrt{3}$ であるから $0<\beta<1$ であり，$0<\beta^n<1$ である。

$\alpha^n=S_n-\beta^n$ であり，S_n が偶数であることから，α^n の整数部分を考えることができる。

37 ベクトルと外接円

解答目標時間：25 分

問　$AB=1$，$AC=\sqrt{2}$，$\overrightarrow{AB}\cdot\overrightarrow{AC}=\dfrac{1}{2}$ を満たす三角形 ABC の外接円の中心を O とする。以下の問いに答えよ。

(1)　$\overrightarrow{BC}$ の大きさと三角形 ABC の面積を求めよ。

(2)　$\overrightarrow{AO}$ を $\overrightarrow{AB}$，$\overrightarrow{AC}$ を用いて表せ。

(3)　外接円 O 上に点 R を AR と BC が垂直になるように選ぶ。ただし，R は A とは異なるとする。このとき，$\overrightarrow{AR}$ を $\overrightarrow{AB}$，$\overrightarrow{AC}$ を用いて表せ。

(4)　(3) のとき四角形 ABRC の面積を求めよ。

〈日本大学・改〉

★★★

合格へのゴールデンルート

(2) GR 1 **外心へのベクトル→2辺の垂直二等分線の交点に着目しよう**

外心は三角形の各辺の垂直二等分線の交点であるから $\overrightarrow{AO}=s\overrightarrow{AB}+t\overrightarrow{AC}$ とおいて，線分 AB と線分 AC の中点を M，N とすると，

$$\begin{cases}\overrightarrow{OM}\cdot\overrightarrow{AB}=0,\ \overrightarrow{ON}\cdot\overrightarrow{AC}=0\\ \overrightarrow{AO}\cdot\overrightarrow{AB},\ \overrightarrow{AO}\cdot\overrightarrow{AC}\text{ の値 }\to\text{ GR 2}\end{cases}$$

を利用し s，t を求める。

GR 2 **内積の計算をくふうしよう**

$\overrightarrow{OA}$ と $\overrightarrow{OB}$ のなす角が θ $\left(0\leqq\theta\leqq\dfrac{\pi}{2}\right)$ のとき，

$$\begin{aligned}\overrightarrow{OA}\cdot\overrightarrow{OB}&=|\overrightarrow{OA}|\cdot|\overrightarrow{OB}|\cos\theta\\&=OA\cdot OH\end{aligned}$$

と計算できる。

（θ が鈍角の場合は，$|\overrightarrow{OB}|\cos\theta=-OH$）

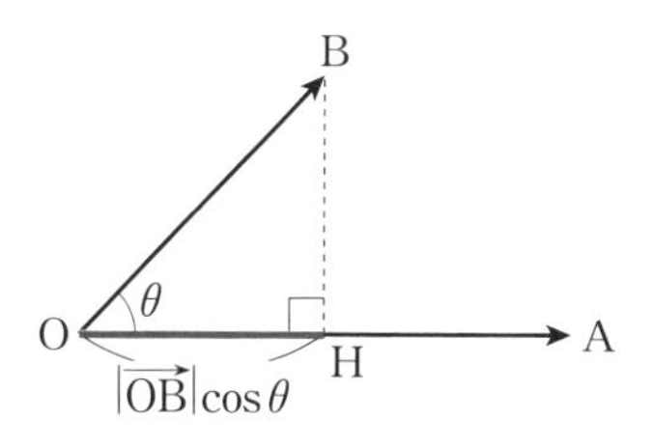

(3) GR 3 **$\overrightarrow{AH}$ を求めよう**

AR と BC の交点を H とすると，$\overrightarrow{AR}=k\overrightarrow{AH}$ と表せるので，まずは $\overrightarrow{AH}$ を求めよう。点 H は直線 BC 上にあるから，

$$\overrightarrow{AH}=t\overrightarrow{AB}+(1-t)\overrightarrow{AC}$$

とおけて，$\overrightarrow{AH}\perp\overrightarrow{BC}$ であることから t の値が求められる。

GR 4 **方べきの定理を利用しよう**

AH：HR が求められればよい。AH，CH，BH は求められるので，方べきの定理を利用して HR を求めよう。

38 円のベクトル方程式

解答目標時間：25 分

問 a を正の定数とする。$\mathrm{AB}=a$，$\mathrm{AC}=2a$，$\angle\mathrm{BAC}=\dfrac{2}{3}\pi$ である $\triangle\mathrm{ABC}$ と，$\left|2\overrightarrow{\mathrm{AP}}-2\overrightarrow{\mathrm{BP}}-\overrightarrow{\mathrm{CP}}\right|=a$ を満たす動点 P がある。

(1) 辺 BC を 1：2 に内分する点を D とするとき，$\left|\overrightarrow{\mathrm{AD}}\right|$ を求めよ。

(2) $\left|\overrightarrow{\mathrm{AP}}\right|$ の最大値を求めよ。

(3) 線分 AP が通過してできる図形の面積 S を求めよ。

〈旭川医科大学〉

★★★

合格へのゴールデンルート

(1) GR1 **$\overrightarrow{AD}$ を $\overrightarrow{AB}$，$\overrightarrow{AC}$ を用いて表そう**

D は辺 BC を 1：2 に内分する点なので，

$$\overrightarrow{AD}=\frac{2}{3}\overrightarrow{AB}+\frac{1}{3}\overrightarrow{AC}$$

と表せる。

$|\overrightarrow{AD}|^2$ を計算するときに必要な $\overrightarrow{AB}\cdot\overrightarrow{AC}$ を求めておこう。

(2) GR2 **始点を A にしよう**

まず点 P がどのような軌跡を描いているのかを把握しよう。

$2\overrightarrow{AP}-2\overrightarrow{BP}-\overrightarrow{CP}$ では始点がバラバラなので始点を A に統一すると，

$$2\overrightarrow{AP}-2\overrightarrow{BP}-\overrightarrow{CP}=-\overrightarrow{AP}+2\overrightarrow{AB}+\overrightarrow{AC}$$

$2\overrightarrow{AB}+\overrightarrow{AC}=\overrightarrow{AD}$ などとおいてみよう。

GR3 **$|\overrightarrow{AP}-\overrightarrow{AE}|=a$ を満たす点 P の軌跡**

$\overrightarrow{AP}-\overrightarrow{AE}=\overrightarrow{EP}$（ベクトルの差による分解の逆）であるから，

$$|\overrightarrow{AP}-\overrightarrow{AE}|=a \Leftrightarrow |\overrightarrow{EP}|=a$$

となり，点 P は，「点 E からの距離が a である点」の集合だと考えられる。
したがって，P が描く軌跡は点 E を中心とする半径 a の円である。

(3) GR4 **線分 AP の通過領域を図示しよう**

各点 P に対して線分 AP を図示すると下のようになる。

線分 AP が通過してできる領域は下図の青い太線で囲まれた部分になる。

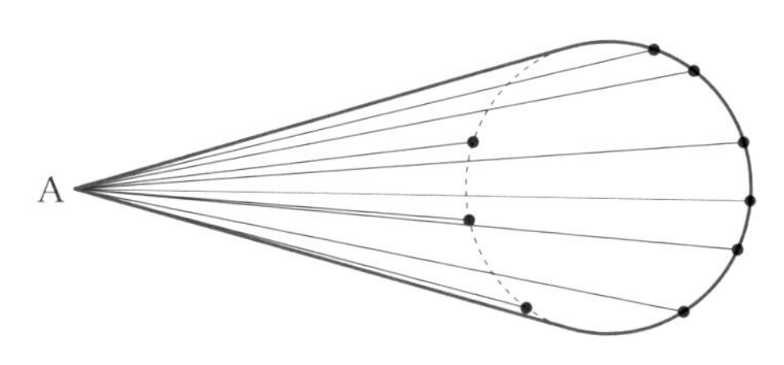

GOLDEN ROUTE 1 2 3 4 5 6 7 8 9 10 GOAL

39 円周上を動く点との距離

解答目標時間：30 分

問　空間に 4 点 A$(-2,\ 0,\ 0)$，B$(0,\ 2,\ 0)$，C$(0,\ 0,\ 2)$，D$(2,\ -1,\ 0)$ がある。3 点 A，B，C を含む平面を T とする。

(1)　点 D から平面 T に下ろした垂線の足 H の座標を求めよ。

(2)　平面 T において，3 点 A，B，C を通る円 S の中心の座標と半径を求めよ。

(3)　点 P が円 S の周上を動くとき，線分 DP の長さが最小になる P の座標を求めよ。

〈大阪市立大学〉

★ ★ ★

合格へのゴールデンルート

(1) **GR 1 $\overrightarrow{\mathrm{DH}}$ を文字を使って表そう**

Hは$\overrightarrow{\mathrm{AB}}$，$\overrightarrow{\mathrm{AC}}$で作られる平面上にある点であるから，実数$s$，$t$を用いて$\overrightarrow{\mathrm{DH}}=\overrightarrow{\mathrm{DA}}+s\overrightarrow{\mathrm{AB}}+t\overrightarrow{\mathrm{AC}}$と表すことができる。

GR 2 $\overrightarrow{\mathrm{DH}}\perp$（平面$T$）を利用しよう

平面Tは$\overrightarrow{\mathrm{AB}}$と$\overrightarrow{\mathrm{AC}}$で作られる平面であるから，$\overrightarrow{\mathrm{DH}}\perp$（平面$T$）より，$\overrightarrow{\mathrm{DH}}\perp\overrightarrow{\mathrm{AB}}$かつ$\overrightarrow{\mathrm{DH}}\perp\overrightarrow{\mathrm{AC}}$である。

(2) **GR 3 △ABCの形状を把握しよう**

A，B，Cはx軸，y軸，z軸上の点であり，$\mathrm{OA}=\mathrm{OB}=\mathrm{OC}$であるから，$\mathrm{AB}=\mathrm{BC}=\mathrm{CA}$がわかる。つまり△ABCは正三角形である。

正三角形の外心と重心は一致することを利用していこう。

(3) **GR 4 DHが一定であることを利用しよう**

$\mathrm{DP}=\sqrt{\mathrm{HP}^2+\mathrm{DH}^2}$であり，DHが一定であることから，DPが最小となるのは，HPが最小となるときである。

平面T上における円Sの中心G，P，Hの位置関係に着目してみよう。

GR 5 $\overrightarrow{\mathrm{GP'}}$は単位ベクトルを利用しよう

$\dfrac{\overrightarrow{\mathrm{GH}}}{|\overrightarrow{\mathrm{GH}}|}$は$\overrightarrow{\mathrm{GH}}$と向きが同じで長さが1のベクトルである。

このベクトルを$|\overrightarrow{\mathrm{GP'}}|$倍すると，$\overrightarrow{\mathrm{GP'}}$となる。

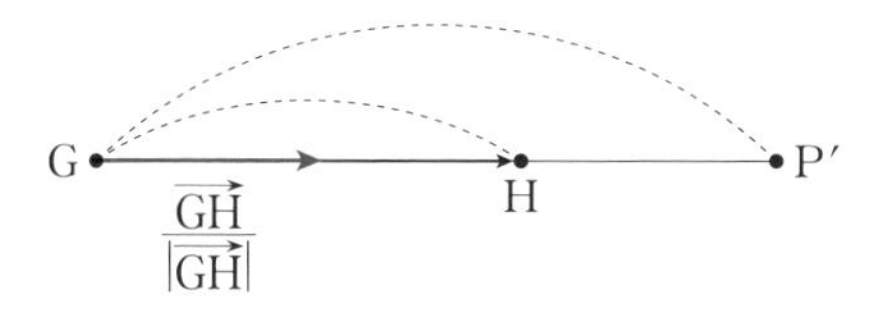

40 点光源

解答目標時間：25 分

問　xyz 空間において，原点 O を中心とする半径 1 の球面 $S: x^2+y^2+z^2=1$，および S 上の点 A(0, 0, 1) を考える。S 上の A と異なる点 P$(x_0,\ y_0,\ z_0)$ に対して，2 点 A，P を通る直線と xy 平面の交点を Q とする。

(1)　$\overrightarrow{\mathrm{AQ}}=t\overrightarrow{\mathrm{AP}}$（$t$ は実数）とおくとき，$\overrightarrow{\mathrm{OQ}}$ を t，$\overrightarrow{\mathrm{OP}}$，$\overrightarrow{\mathrm{OA}}$ を用いて表せ。

(2)　$\overrightarrow{\mathrm{OQ}}$ の成分表示を x_0，y_0，z_0 を用いて表せ。

(3)　球面 S と平面 $y=\dfrac{1}{2}$ の共通部分が表す図形を C とする。点 P が C 上を動くとき，xy 平面上における点 Q の軌跡を求めよ。

〈金沢大学〉

★★★

合格へのゴールデンルート

(2) GR 1 xy 平面上の点→ z 座標が 0 に着目しよう

(1) を利用すると $\overrightarrow{OQ}=t\overrightarrow{OP}+(1-t)\overrightarrow{OA}$ と表せる。Q は xy 平面上の点であるから z 座標が 0 になることを利用すると，t を x_0，y_0，z_0 を用いて表すことができる。

(3) GR 2 x_0，y_0，z_0 が満たす条件式を導こう

$\mathrm{P}(x_0,\ y_0,\ z_0)$ は球面 $S : x^2+y^2+z^2=1$ と平面 $y=\dfrac{1}{2}$ の共通部分を動くので，

$$x_0{}^2+y_0{}^2+z_0{}^2=1,\ \ y_0=\frac{1}{2}$$

をともに満たす。

GR 3 x_0，z_0 を X, Y を用いて表そう

ここで x_0，z_0 が満たす関係式が得られるので，$\mathrm{Q}(X,\ Y)$ とおき，X，Y を x_0，z_0 を用いて表し，x_0，z_0 が満たす関係式に代入しよう。

GOLDEN ROUTE 1 2 3 4 5 6 7 8 9 10 GOAL

GOLDEN
ROUTE

QUESTION

GOLDEN ROUTE

ゴールデンルート

大学入試問題集

数学 IA・IIB

MATHEMATICS

★★★

高梨由多可 河合塾講師 ｜ 橋本直哉 水戸駿優予備学校講師

KADOKAWA

はじめに　INTRODUCTION

「数学の学力を伸ばすためには，どんなことが必要なのか。」

みなさんは，何だと思いますか。

このことを考える前に，まずは数学の勉強の仕方について考えてみましょう。数学の学習には，次のような3段階があると私は考えています。

STEP ①　知識を入れる段階（公式や定理を理解する）

↓

STEP ②　それらの知識を用いて問題を解く段階（公式の使い方や典型的な解法を学ぶ）

↓

STEP ③　②を通じて①への理解がより深まる段階（数学を本質的に理解する）

まず，①で数学の問題を考えるための「道具」を獲得します。②では，それらの「道具」を使って実際に問題を解いて「道具」の使い方や注意点を学んでいきます。そしてその経験を繰り返すことで，結果的に③のように「道具」への理解が深まり，数学の本質が見えてくるようになるのです。

例えばここに，ハサミ，のこぎり，包丁の3つの「道具」があるとしましょう。それぞれ異なる物体に対して用いる道具ですが，これらの道具にはすべて“物を切るために使う”という共通点がありますよね。

「紙を切るにはハサミを使おう」とか，「きゅうりは，のこぎりよりも包丁を使ったほうが切りやすい」とか，皆さんもこんな風にして幼い頃から知識や経験を通して道具の使い方を学んできたのではないでしょうか。

数学においても同様です。知識としての「道具」を得たら，それを使ってあらゆる問題を解いて，「道具」の注意点や共通点を理解していきます。そうすることで，まだ見ぬ問題に対しての思考力が養われるのです。

おそらくこの本を手に取ってくださった方の多くが，今以上に数学の能力を伸ばしたいと考えていることと思います。

その方たちに私なりのアドバイスをするならば，以下の3つを挙げます。

1. **正しい知識を身につける**
2. **公式の使い方や解法を学び，計算力を強化する**
3. **数学そのものに対する本質的な理解を深める**

一朝一夕では難しいことですが，この3つを意識しながら日々学習していくことで，必ず道は拓けていくでしょう。

本書では，皆さんが最も効率よく②から③へと学びを深められるよう良問を選定し，解説にもこだわりました。これまで予備校講師として多くの受験生を見てきた経験から，特に着目すべき考え方や解法，学生がつまずきがちなポイントをしっかりとおさえてあります。本書が，みなさんの数学の学力を向上させる一助となれば幸いです。

さいごに，本書の出版に携わっていただいた（株）KADOKAWA村本さん，編集や校正を担当してくださった竹田さん，また執筆に際してアドバイスをしていただいた先生方に感謝申し上げます。

著者

GR

本書の特長と使い方

この本は、問題編（別冊）と解答編に分かれています。

別冊

問題編

まずは、難関大頻出の問題を解こう

QUESTION

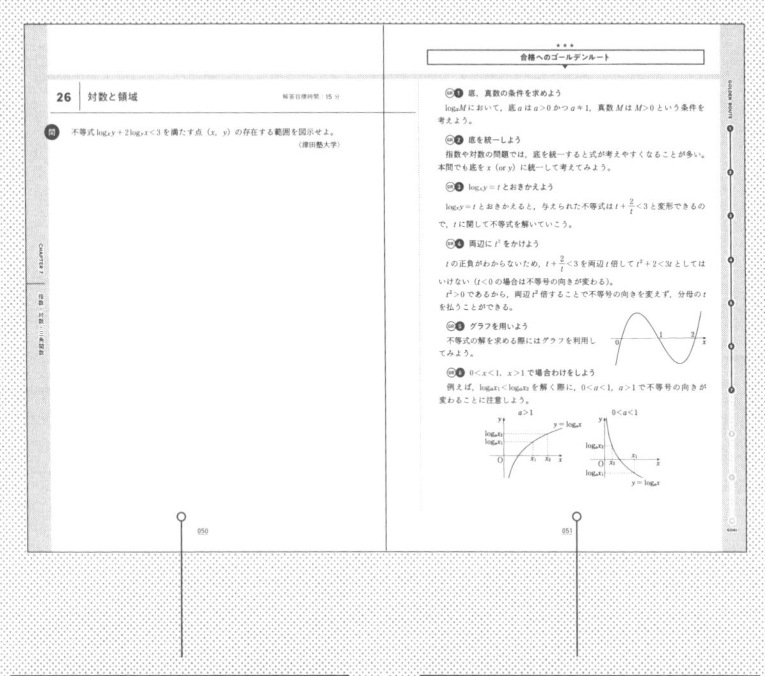
26 対数と領域　解答目標時間：15分

問　不等式 $\log_x y + 2\log_y x < 3$ を満たす点 $(x,\ y)$ の存在する範囲を図示せよ。
（津田塾大学）

CHAPTER 7　指数・対数・三角関数

050

合格へのゴールデンルート

GR1 底，真数の条件を求めよう
$\log_a M$ において，底 a は $a>0$ かつ $a \neq 1$，真数 M は $M>0$ という条件を考えよう。

GR2 底を統一しよう
指数や対数の問題では，底を統一すると式が考えやすくなることが多い。本問でも底を x (or y) に統一して考えてみよう。

GR3 $\log_x y = t$ とおきかえよう
$\log_x y = t$ とおきかえると，与えられた不等式は $t+\frac{2}{t}<3$ と変形できるので，t に関して不等式を解いていこう。

GR4 両辺に t^2 をかけよう
t の正負がわからないため，$t+\frac{2}{t}<3$ を両辺 t 倍して $t^2+2<3t$ としてはいけない（$t<0$ の場合は不等号の向きが変わる）。
$t^2>0$ であるから，両辺 t^2 倍することで不等号の向きを変えず，分母の t を払うことができる。

GR5 グラフを用いよう
不等式の解を求める際にはグラフを利用してみよう。

GR6 $0<x<1$，$x>1$ で場合わけをしよう
例えば，$\log_a x_1 < \log_a x_2$ を解く際に，$0<a<1$，$a>1$ で不等号の向きが変わることに注意しよう。

051

掲載問題

本書は，早慶上理・難関国公立などの難関大入試に頻出の厳選された典型問題40題で構成されています。「難関大入試突破のためには一体どんな問題をどれくらい解けばよいのか」という多くの受験生の疑問にシンプルにお答えするため，問題の選定には相当時間をかけました。最小限の問題と，それらの充実した解説で効率よく学習を進めてください。

合格へのゴールデンルート

該当する問題の右ページに，問題を解く際の指針となる重要なポイントを掲載しました。初見で解法が思い浮かばなかったら，まずこの GR（ヒント）を読んでみましょう。二回目に解く際はこの GR を隠してもう一度チャレンジ。最終的には GR を見ずに目標時間内に完答できるよう演習を繰り返すとよいでしょう。

GR

「ゴールデンルート」とは

入試頻出テーマを最小限の問題で効率よく理解することで、合格への道筋が開ける。

本冊

解答編

問題が解けたら、解答をよく読んで理解しよう

ANSWER

CHAPTER 7 指数・対数・三角関数

26 対数と領域

この問題で問われていること

- ☐ 底，真数の条件を確認できる
- ☐ 底を $0<a<1$, $a>1$ にわけて不等式を解くことができる

$\log_x y + 2\log_y x < 3$ ……(＊)

GR 1 底，真数の条件を求めよう

底，真数の条件から，

$$\begin{cases} x \neq 1 \quad かつ \quad x>0 \\ y \neq 1 \quad かつ \quad y>0 \end{cases} \quad \cdots\cdots①$$

GR 2 底を統一しよう

①のもとで，

$$\log_y x = \frac{\log_x x}{\log_x y} = \frac{1}{\log_x y}$$

である。

ちょこっとメモ 底の変換公式→p.75

GR 3 $\log_x y = t$ とおきかえよう

このとき，$t=\log_x y$ とすると(＊)は

$$t + \frac{2}{t} < 3$$

GR 4 両辺に t^2 をかけよう

両辺に t^2 (>0) をかけると，

$$t^3 + 2t < 3t^2$$

$$t(t-1)(t-2) < 0$$

GR 5 グラフを用いよう

$t<0$, $1<t<2$

$\log_x y < 0$ または $1 < \log_x y < 2$

$\therefore$ $\log_x y < \log_x 1$ または $\log_x x < \log_x y < \log_x x^2$ ……②

ちょこっとメモ 対数の性質→p.77

074

GR 6 $0<x<1$, $x>1$ で場合わけをしよう

$0<x<1$ のとき②は

$y>1$ または $x>y>x^2$ ……③

$x>1$ のとき②は

$y<1$ または $x<y<x^2$ ……④

注意 対数関数のグラフは，p.77参照。

①，③，④より，求める (x, y) の範囲は下図の斜線部分。ただし，境界は含まない。

公式・定理のおさらい

●底の変換公式

a, b, c は正の数で，a, c は1でないとする。

このとき，

$$\log_a b = \frac{\log_c b}{\log_c a}$$

が成り立つ。

［証明］ $a^{\log_a b} = b$ が成り立つ。

このとき，両辺で c を底とする対数をとると，

$$\log_c (a^{\log_a b}) = \log_c b$$

$$(\log_a b)(\log_c a) = \log_c b$$

$$\log_a b = \frac{\log_c b}{\log_c a}$$

075

26 対数と領域

この問題で問われていること

問題には必ずその作問者の意図があります。「この問題で問われていることは何なのか」を常に意識して解くことで，他の類似問題にも気づきやすくなり，解ける問題が格段に増えていきます。ただ答え合わせをするのではなく，「この問題は受験者に一体何を問いたいのか」という視点で解説を理解し，問題の振り返りを行いましょう。

解答・解説

解説は丁寧さと親切さを心がけました。なるべくつまずきがないよう「ちょこっとメモ」や「注意」で解説を補足し，「公式・定理のおさらい」では教科書レベルの基本事項が素早く確認できるようにしました。「COLUMN（コラム）」ではその問題に付随する重要項目をまとめたので，「解答編」は参考書のように使ってみてください。

GOLDEN ROUTE

数学 IA・IIB

応用編

大学入試問題集
ゴールデンルート

解答編

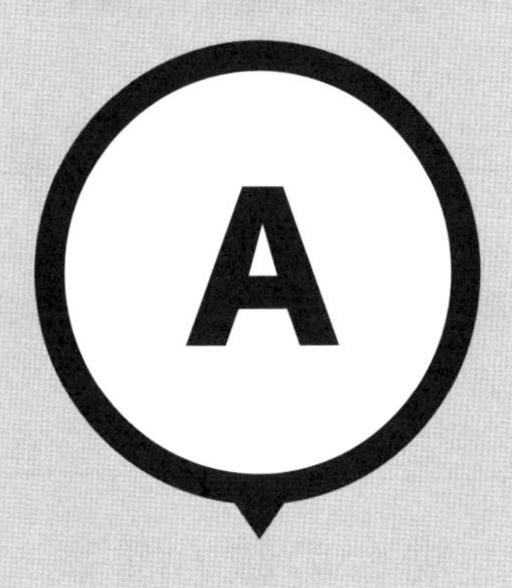

ANSWER

1 » 40

目次・チェックリスト

数学 IA・IIB

応用編

チェックリストの使い方

解けた問題には○、最後まで解けたけど、解答に間違えがあれば△、途中までしか解けなかったら×、完璧になったら✓など、自分で決めた記号で埋めていきましょう。

CHAPTER 1 2次関数

1 ある範囲で2次不等式が成り立つ条件

この問題で問われていること

□ 不等式が成り立つ条件を，グラフを利用して考えられる

(1) GR 1 グラフを利用して不等式の成立を考えよう

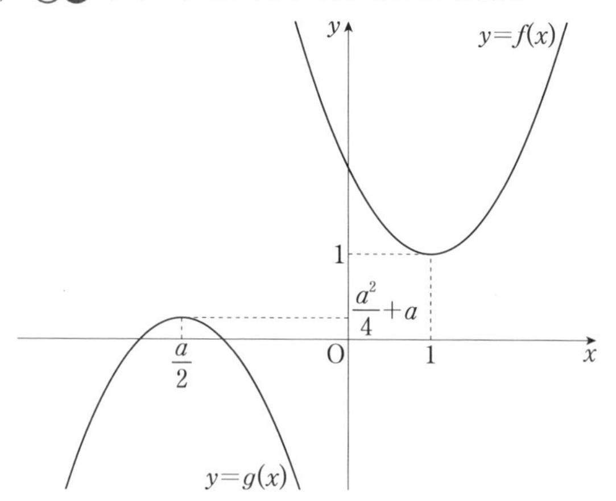

着眼点

$y=f(x)$，$y=g(x)$ のグラフをかいて，最大値・最小値に着目しよう。

$$f(x)=(x-1)^2+1,\quad g(x)=-\left(x-\frac{a}{2}\right)^2+\frac{a^2}{4}+a$$

すべての実数 s，t で $f(s) \geqq g(t)$ となる条件は

($f(x)$ の最小値) $\geqq$ ($g(x)$ の最大値)

であるから，

$$1 \geqq \frac{a^2}{4}+a$$

$$a^2+4a-4 \leqq 0$$

$$\therefore\ -2-2\sqrt{2} \leqq a \leqq -2+2\sqrt{2}$$

注意

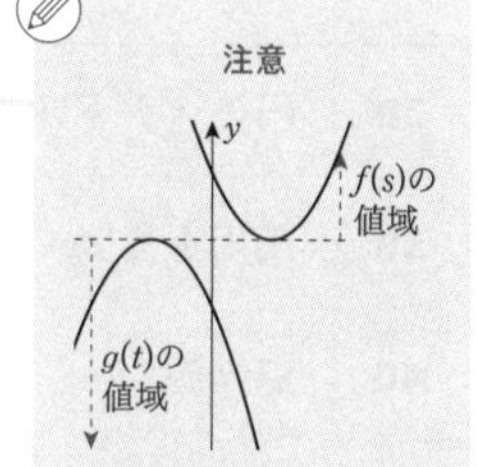

等号が成り立つときは上のようになるので，条件を満たす。

(2) GR 2 $f(x)$ と $g(x)$ の差を考えよう

$h(x)=f(x)-g(x)$ とすると，

$$h(x)=2x^2-(a+2)x-a+2$$

$$=2\left(x-\frac{a+2}{4}\right)^2-\frac{1}{8}a^2-\frac{3}{2}a+\frac{3}{2}$$

求める条件は

「$0 \leqq x \leqq 1$ を満たすすべての x に対して $h(x) \geqq 0$」

が成り立つことである。

GR 3　$0 \leqq x \leqq 1$ で2次不等式が成り立つ条件を考えよう

つまり，$0 \leqq x \leqq 1$ における $h(x)$ の最小値が 0 以上となることである。

ここで，$h(x)$ の最小値は，次の (ⅰ)～(ⅲ) の場合に分けられる。

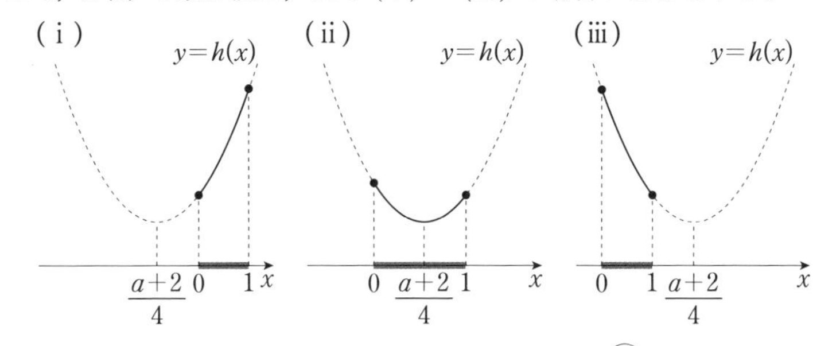

(ⅰ)　$\dfrac{a+2}{4} \leqq 0$　すなわち　$a \leqq -2$ のとき

$h(x)$ の最小値は，

$$h(0) = -a+2$$

求める条件は，

$$-a+2 \geqq 0 \quad かつ \quad a \leqq -2$$

−2　2　a

したがって，

$$a \leqq -2$$

> **注意**
>
> 軸の直線 $x=\dfrac{a+2}{4}$ がどこにあるかで場合わけをしていこう。

(ⅱ)　$0 < \dfrac{a+2}{4} < 1$　すなわち　$-2 < a < 2$ のとき

$h(x)$ の最小値は，

$$h\left(\frac{a+2}{4}\right) = -\frac{1}{8}a^2 - \frac{3}{2}a + \frac{3}{2}$$

求める条件は，

$$-\frac{1}{8}a^2 - \frac{3}{2}a + \frac{3}{2} \geqq 0 \quad かつ \quad -2 < a < 2$$

ここで,

$$-\frac{1}{8}a^2-\frac{3}{2}a+\frac{3}{2}\geqq 0$$

$$a^2+12a-12\leqq 0$$

$$\therefore\quad -6-4\sqrt{3}\leqq a\leqq -6+4\sqrt{3}$$

であるから,

$$-2<a\leqq -6+4\sqrt{3}$$

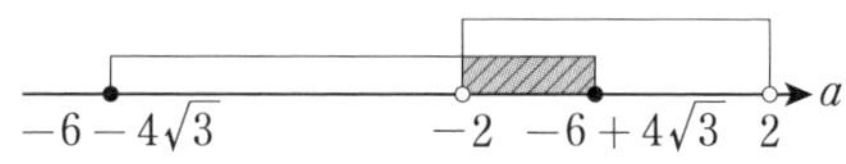

(iii) $\dfrac{a+2}{4}\geqq 1$　すなわち　$a\geqq 2$ のとき

$h(x)$ の最小値は,

$$h(1)=2-2a$$

求める条件は,

$$2-2a\geqq 0\quad かつ\quad a\geqq 2$$

したがって，この条件を満たす実数 a は存在しない。

(i), (ii), (iii) より，求める条件は

$$\boldsymbol{a\leqq -6+4\sqrt{3}}$$

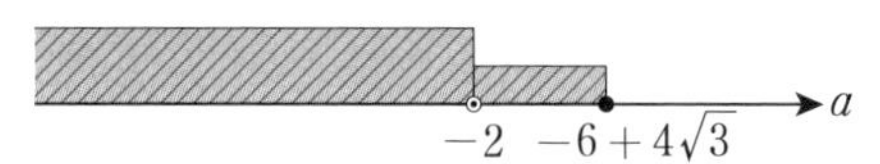

COLUMN

2次不等式の解

$x^2-2x-3<0$ ……① を例に考える。

この2次不等式を解く際には，以下の2通りの考え方ができる。

(i) グラフの利用

$y=x^2-2x-3$ と $y=0$（x 軸）との位置関係をみる。

$$x^2-2x-3=(x-3)(x+1)$$

とできるので，$y=x^2-2x-3$ は x 軸と 3，-1 で交わる。

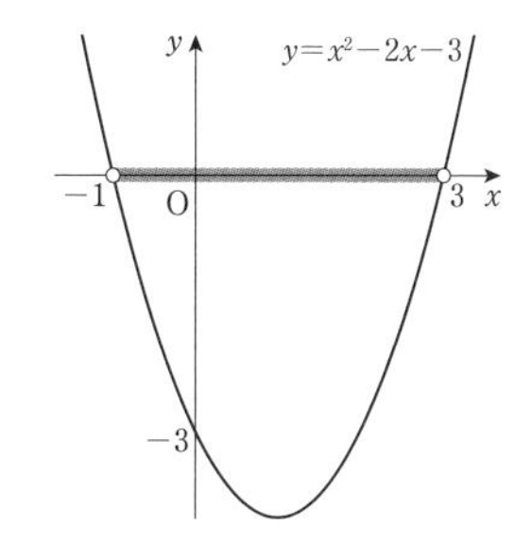

①は，「$y=x^2-2x-3$ のグラフが $y=0$（x 軸）より下にある」ような x の範囲を求めることになり，

$$-1<x<3$$

(ii) 積の正・負に着目

①$\Leftrightarrow(x-3)(x+1)<0$

となり，$x-3$ と $x+1$ をかけて負になる。

ということは ⊕×⊖ もしくは ⊖×⊕ の場合である。

つまり，$\begin{cases} x-3<0,\ x+1>0 & \Rightarrow\quad -1<x<3 \\ x-3>0,\ x+1<0 & \Rightarrow\quad \text{解なし} \end{cases}$

となるときであり，

$$-1<x<3$$

2　2次方程式が少なくとも1つ実数解をもつ条件

この問題で問われていること

- ☐ 実数解の個数で場合わけをして考えられる
- ☐ 直線を分離して視覚的に解の存在を考えられる

GR 1　グラフの共有点を方程式の解と認識しよう

$$-x^2+ax+2a-3=0 \quad \cdots\cdots ①$$

とする。

①が $0 \leqq x \leqq 2$ の範囲に少なくとも1つ解をもつ a の値の条件が求めるものである。

GR 2　解の個数によって場合わけをしよう

ここで，①が $0 \leqq x \leqq 2$ の範囲に少なくとも1つ解をもつのは次の(i)，(ii)のときである。

(i)　①が重解を含む2つの実数解をもつとき

(ii)　①が1つの実数解をもつとき

$f(x)=-x^2+ax+2a-3$ とする。

(i)のとき

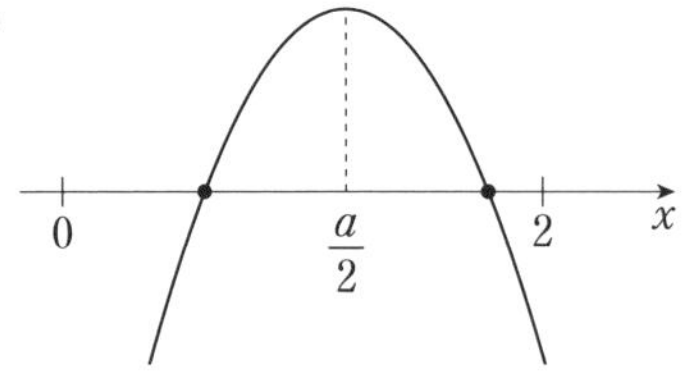

着眼点

2次方程式の解の配置では判別式(D)・軸・区間の端の値に着目する。

①の判別式を D とすると，求める条件は以下が成り立つときである。

$$\begin{cases} D=a^2+4(2a-3)=a^2+8a-12 \geqq 0 \\ 0 \leqq \dfrac{a}{2} \leqq 2 \\ f(0) \leqq 0,\ f(2) \leqq 0 \end{cases}$$

注意

軸の方程式は

$f(x)=-\left(x-\dfrac{a}{2}\right)^2+\dfrac{a^2}{4}+2a-3$

より，$x=\dfrac{a}{2}$

$$\begin{cases} a \leqq -4-2\sqrt{7},\ -4+2\sqrt{7} \leqq a \\ 0 \leqq a \leqq 4 \\ 2a-3 \leqq 0,\ 4a-7 \leqq 0 \end{cases}$$

$$\therefore \quad -4+2\sqrt{7} \leqq a \leqq \frac{3}{2}$$

> **注意**
>
> 不等式を解くと，
>
> $a \leqq \frac{3}{2}$，$a \leqq \frac{7}{4}$

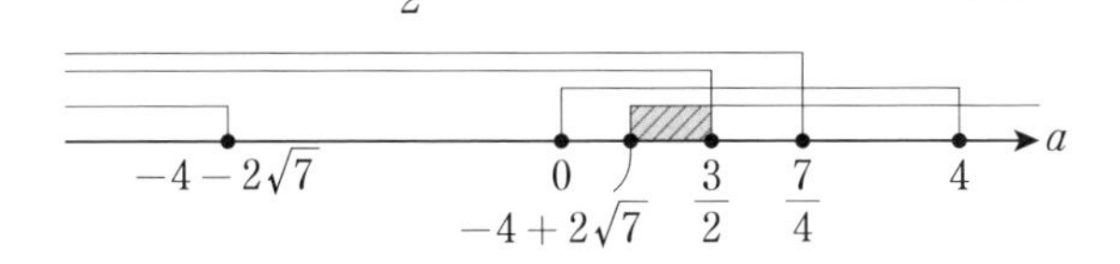

(ii) のとき，次の 3 つの状態が考えられる。

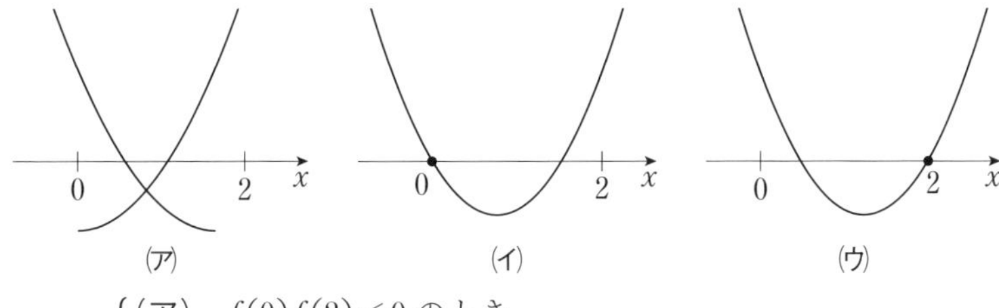

(ア)　(イ)　(ウ)

$$\begin{cases} (\text{ア})\quad f(0)f(2)<0 \text{ のとき} \\ (\text{イ})\quad f(0)=0 \text{ のとき} \\ (\text{ウ})\quad f(2)=0 \text{ のとき} \end{cases}$$

(ア) のとき

$$f(0)f(2)<0$$

$$\therefore \quad \frac{3}{2}<a<\frac{7}{4}$$

> **注意**
>
> $(2a-3)(4a-7)<0$

(イ) のとき

$$f(0)=0$$

$$\therefore \quad a=\frac{3}{2}$$

このとき，①は

$$-x^2+\frac{3}{2}x=0$$

$$-x\left(x-\frac{3}{2}\right)=0$$

$$\therefore \quad x=0,\ \frac{3}{2}$$

となり条件を満たす。

(ウ)のとき

$$f(2)=0$$

$$\therefore \quad a=\frac{7}{4}$$

このとき，①は

$$-x^2+\frac{7}{4}x+\frac{1}{2}=0$$

$$4x^2-7x-2=0$$

$$(x-2)(4x+1)=0$$

$$\therefore \quad x=2,\ -\frac{1}{4}$$

となり条件を満たす。

着眼点

$f(2)=0$ から①は $x=2$ を解にもつので，それを利用して因数分解しよう。

(ア)または(イ)または(ウ)より，

$$\frac{3}{2}\leqq a\leqq\frac{7}{4}$$

(i)，(ii)より求める a の値の範囲は

$$\boldsymbol{-4+2\sqrt{7}\leqq a\leqq\frac{7}{4}}$$

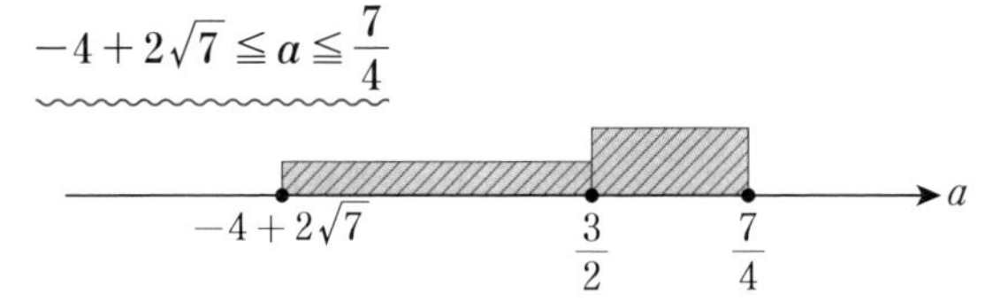

［別解］

GR 3 定数を分離して考えよう

$$① \Leftrightarrow x^2+3=a(x+2)$$

であるから，①の実数解の個数は2つのグラフ

$$\begin{cases} y=x^2+3 \\ y=a(x+2) \end{cases}$$

の共有点の個数に一致する。

着眼点

$y=a(x+2)$ が

$\begin{cases} 点(2,7)を通るとき，\quad a=\frac{7}{4} \\ 点(0,3)を通るとき，\quad a=\frac{3}{2} \end{cases}$

a の値は「傾き」を表していることに注意してグラフを利用しよう。

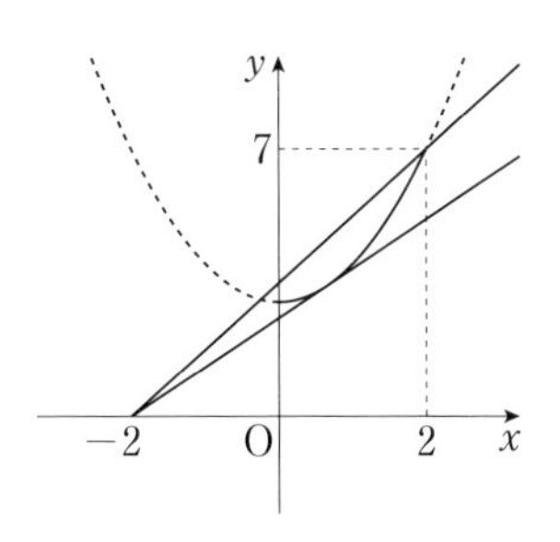

直線 $y=a(x+2)$ は，点（-2，0）を通る傾き a の直線である。

この直線が $y=x^2+3$ に接するのは，①の判別式 D が 0 になるときであり，図より a の値は正であるから，

$$a=-4+2\sqrt{7}$$

また，点（2，7）を通るとき，

$$a=\frac{7}{4}$$

である。

以上から求める a の値の範囲は

$$\boldsymbol{-4+2\sqrt{7} \leqq a \leqq \frac{7}{4}}$$

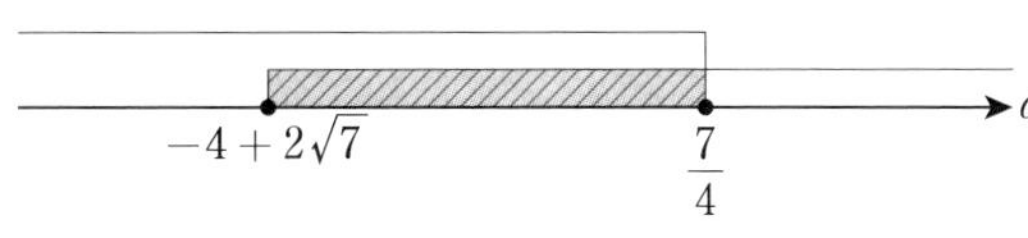

注意

$x^2+3=a(x+2)$

$x^2-ax+3-2a=0$

$D=a^2-4(3-2a)$

$\quad =a^2+8a-12$

$a^2+8a-12=0$

より，

$a=-4\pm\sqrt{16+12}$

$\quad =-4\pm 2\sqrt{7}$

$\therefore$ $D=0 \Leftrightarrow$

$a=-4\pm 2\sqrt{7}$

2

2次方程式が少なくとも1つ実数解をもつ条件

3 角度を比較する三角方程式・$\cos\frac{2\pi}{5}$ に関する問題

この問題で問われていること

- ☐ 直接角度を比較して三角方程式が解ける
- ☐ $\cos 2\theta = \cos 3\theta$ より，$\cos\frac{2\pi}{5}$ が求められる

(1) $\cos 2\theta = \cos 3\theta$ から，

$$2\cos^2\theta - 1 = -3\cos\theta + 4\cos^3\theta$$
$$4\cos^3\theta - 2\cos^2\theta - 3\cos\theta + 1 = 0$$
$$(\cos\theta - 1)(4\cos^2\theta + 2\cos\theta - 1) = 0$$

ここで，$0 < \theta < \frac{\pi}{2}$ であるから，

$$0 < \cos\theta < 1$$
$$\therefore\ \cos\theta = \frac{-1+\sqrt{5}}{4}$$

注意

$\cos\theta$ を x だと考えれば，
$4x^3 - 2x^2 - 3x + 1 = 0$
と x の 3 次方程式とみなせる。このとき，代入して 0 になる x の値（有理数）を探すが，その候補となるものは

$x = \pm\frac{(\text{定数項の約数})}{(x^3\text{の係数の約数})}$

である（→ p.53）。

(2) GR 1 角度を直接比べて三角方程式を解こう

$\cos 2\theta = \cos 3\theta$ より n を整数として，

$$\begin{cases} 2\theta = 3\theta + 2n\pi & \cdots\cdots ① \\ 2\theta = -3\theta + 2n\pi & \cdots\cdots ② \end{cases}$$

$0 < \theta < \frac{\pi}{2}$ であるから，①は不適である。

②から，$\theta = \frac{2n\pi}{5}$ であり，$0 < \theta < \frac{\pi}{2}$

であるから，$n = 1$

したがって，$\theta = \frac{2\pi}{5}$

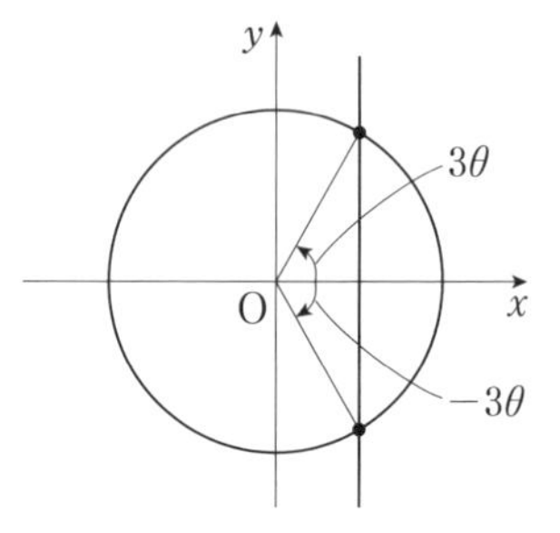

［別解］ (2) 和積の公式を利用する。

$\cos 2\theta = \cos 3\theta$ から，

$$\cos 3\theta - \cos 2\theta = 0$$

着眼点

$\cos(\alpha+\beta)$，$\cos(\alpha-\beta)$ の辺々引くことで
$\cos(\alpha+\beta) - \cos(\alpha-\beta) = -2\sin\alpha\sin\beta$

$\begin{cases} \alpha+\beta = 3\theta \\ \alpha-\beta = 2\theta \end{cases}$ とすれば，

$\alpha = \frac{5\theta}{2}$，$\beta = \frac{\theta}{2}$

となり和（差）の形を積の形に直すことができる。

$$-2\sin\frac{5\theta}{2}\sin\frac{\theta}{2}=0$$

$$\sin\frac{5\theta}{2}=0,\ \ \sin\frac{\theta}{2}=0$$

ちょこっとメモ

和積の公式→ p.23

$0<\theta<\dfrac{\pi}{2}$ であるから,

$$\frac{5\theta}{2}=\pi$$

$$\therefore\quad \theta=\boldsymbol{\frac{2\pi}{5}}$$

［参考］ $\cos\dfrac{2\pi}{5}$ の値に関する話題は入試で頻出であるので，$\cos\dfrac{2\pi}{5}$ の値の求め方を2通り確認しておこう。

［その1］ $\theta=\dfrac{2\pi}{5}$ のとき，$5\theta=2\pi$ であり，$2\theta+3\theta=2\pi$

したがって，$2\theta=2\pi-3\theta$ であるから,

$$\sin 2\theta=\sin(2\pi-3\theta)$$

$$2\sin\theta\cos\theta=-3\sin\theta+4\sin^3\theta$$

$\sin\theta\neq 0$ であるから,

$$4\sin^2\theta-2\cos\theta-3=0$$

$\sin^2\theta=1-\cos^2\theta$ を代入して,

$$4\cos^2\theta+2\cos\theta-1=0$$

$\cos\theta>0$ より,

$$\cos\theta=\boldsymbol{\frac{-1+\sqrt{5}}{4}}$$

注意

左辺は2倍角の公式，右辺は $\sin(2\pi-3\theta)=-\sin 3\theta$ あとは3倍角の公式（→ p.23）。

［その2］

右の図の • 1つで $\dfrac{\pi}{5}$(36°) を表すとする。

1辺の長さが1の正五角形 ABCDE において，AD と CE の交点を F とする。このとき，AC = AD = x とすると,

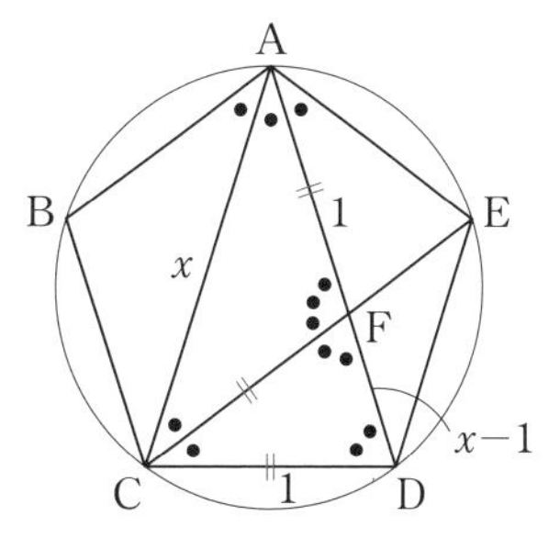

△ACF が，△CDF 二等辺三角形である

ことから，

$$\mathrm{CD} = \mathrm{CF} = \mathrm{AF} = 1$$

$$\mathrm{DF} = x - 1$$

△ACD ∽ △CDF であるから，

$$\mathrm{AC} : \mathrm{CD} = \mathrm{CD} : \mathrm{DF}$$

$$x : 1 = 1 : (x - 1)$$

$$x^2 - x - 1 = 0$$

$$\therefore \quad x = \frac{1 + \sqrt{5}}{2}$$

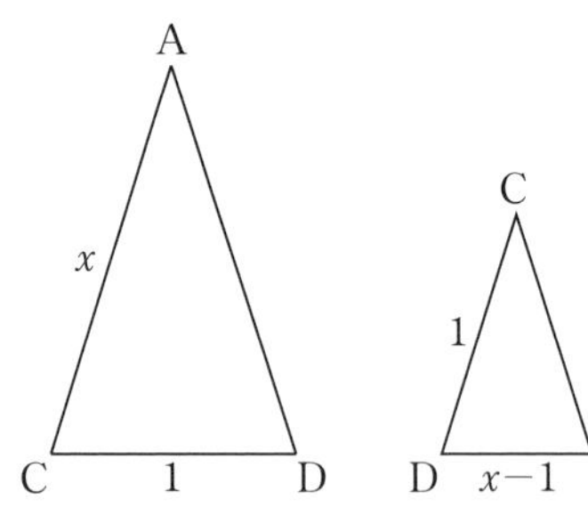

ここで，A から CD に垂線 AH を下ろすと，

$$\cos\frac{2\pi}{5} = \frac{\mathrm{CH}}{\mathrm{AC}} = \frac{\frac{1}{2}}{x} = \frac{1}{1 + \sqrt{5}} = \underline{\boldsymbol{\frac{-1 + \sqrt{5}}{4}}}$$

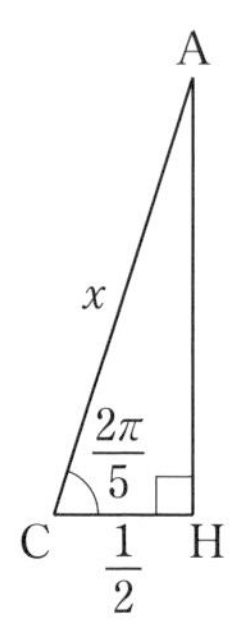

公式・定理のおさらい

●加法定理

$\sin(\alpha \pm \beta) = \sin\alpha\cos\beta \pm \cos\alpha\sin\beta$ （複号同順）

$\cos(\alpha \pm \beta) = \cos\alpha\cos\beta \mp \sin\alpha\sin\beta$ （複号同順）

$\tan(\alpha \pm \beta) = \dfrac{\tan\alpha \pm \tan\beta}{1 \mp \tan\alpha\tan\beta}$ （複号同順）

●2倍角の公式

加法定理で $\alpha = \theta$，$\beta = \theta$ として導こう。

$\sin 2\theta = 2\sin\theta\cos\theta$，$\cos 2\theta = \cos^2\theta - \sin^2\theta = 2\cos^2\theta - 1 = 1 - 2\sin^2\theta$

●3倍角の公式

加法定理で $\alpha = 2\theta$，$\beta = \theta$ として導こう。

$\sin 3\theta = 3\sin\theta - 4\sin^3\theta$

$\cos 3\theta = -3\cos\theta + 4\cos^3\theta$

係数の符号に着目

●半角の公式

$\cos 2\theta = 2\cos^2\theta - 1$，$\cos 2\theta = 1 - 2\sin^2\theta$ を用いて，

$\cos^2\theta = \boxed{}$，$\sin^2\theta = \boxed{}$

を求めよう。

$\cos^2\theta = \dfrac{1+\cos 2\theta}{2}$，$\sin^2\theta = \dfrac{1-\cos 2\theta}{2}$

●積和の公式

$\sin\alpha\cos\beta = \dfrac{1}{2}\{\sin(\alpha+\beta) + \sin(\alpha-\beta)\}$

$\cos\alpha\sin\beta = \dfrac{1}{2}\{\sin(\alpha+\beta) - \sin(\alpha-\beta)\}$

$\cos\alpha\cos\beta = \dfrac{1}{2}\{\cos(\alpha+\beta) + \cos(\alpha-\beta)\}$

$\sin\alpha\sin\beta = -\dfrac{1}{2}\{\cos(\alpha+\beta) - \cos(\alpha-\beta)\}$

●和積の公式

$\sin A + \sin B = 2\sin\dfrac{A+B}{2}\cos\dfrac{A-B}{2}$

$\sin A - \sin B = 2\cos\dfrac{A+B}{2}\sin\dfrac{A-B}{2}$

$\cos A + \cos B = 2\cos\dfrac{A+B}{2}\cos\dfrac{A-B}{2}$

$\cos A - \cos B = -2\sin\dfrac{A+B}{2}\sin\dfrac{A-B}{2}$

4 等脚四面体

この問題で問われていること

- ❑ 点 H が△ABC の外心になることを理解できる
- ❑ 立体図形の問題では，切り口を考え平面で考えられる

(1) GR 1 **等脚四面体は垂線を下ろそう**

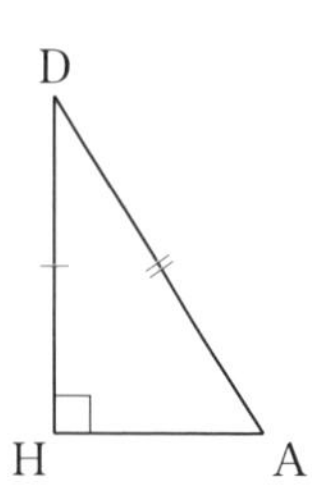

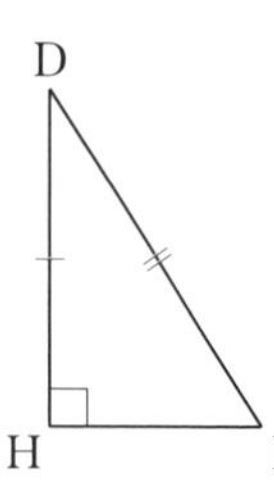

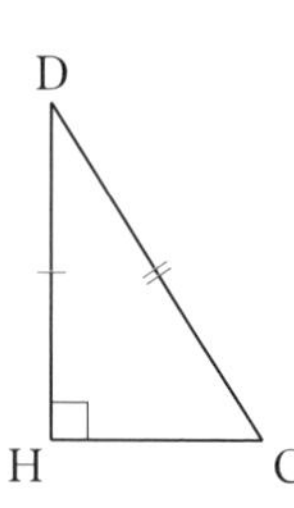

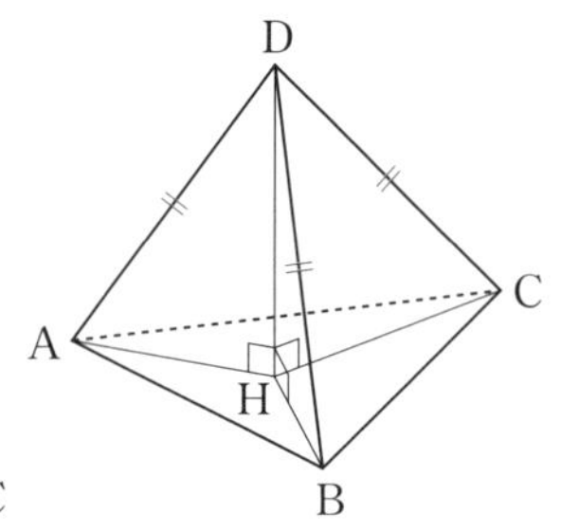

△DHA，△DHB，△DHC は合同な直角三角形であるから，

$AH = BH = CH$

よって，H は△ABC の外心である。

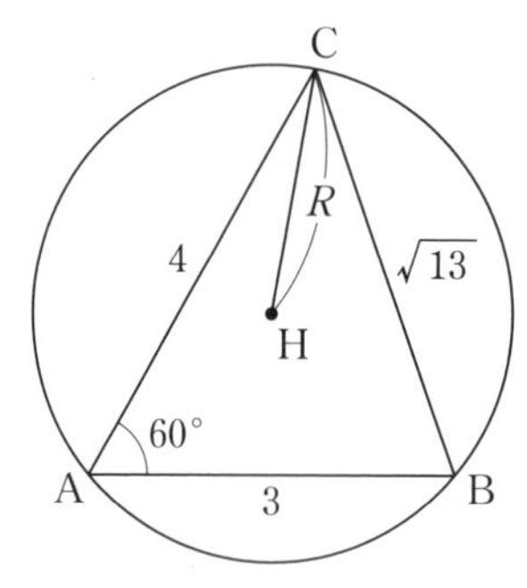

△ABC に余弦定理を用いて，

$$\cos\angle\mathrm{BAC} = \frac{3^2 + 4^2 - (\sqrt{13})^2}{2\cdot 3\cdot 4} = \frac{1}{2}$$

したがって，$\angle\mathrm{BAC} = 60°$

また，△ABC の外接円の半径を R とし，正弦定理を用いて，

$$2R = \frac{\mathrm{BC}}{\sin 60°}$$

ちょこっとメモ

3 辺の長さが定まっている三角形では，余弦定理を用いることで sin, cos, tan の値を求められる。

$$R=\frac{1}{2}\cdot\frac{2}{\sqrt{3}}\cdot\sqrt{13}=\frac{\sqrt{39}}{3}$$

△DHA において三平方の定理より，

$$DH=\sqrt{3^2-\left(\frac{\sqrt{39}}{3}\right)^2}=\frac{\sqrt{42}}{3}$$

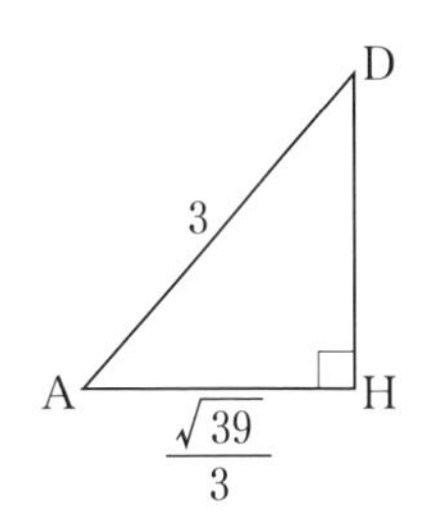

(2)　外接球の中心を O とする。

OA＝OB＝OC より，

O は直線 DH 上にある。

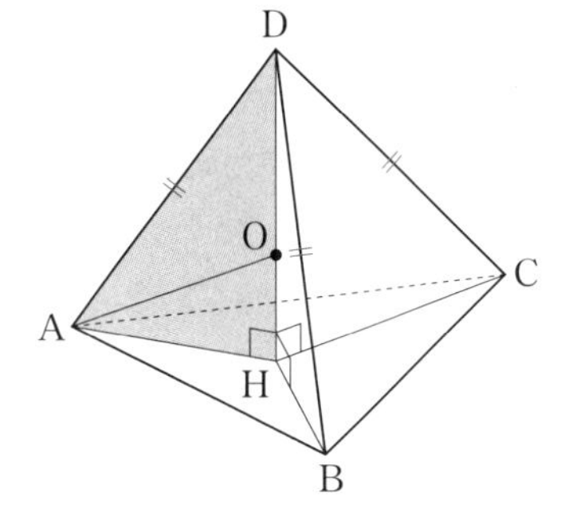

GR 2 立体の問題は平面で考えよう

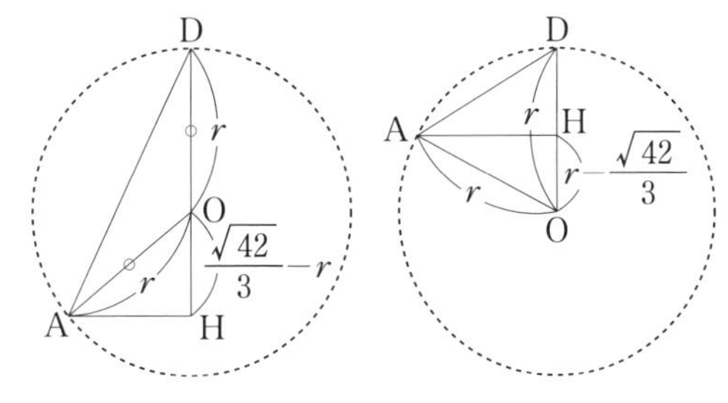

注意

外接球の中心 O は四面体の内部にあるとは限らない。OH の長さを表す際に注意しよう。

ここで，外接球の半径を r とすると，

$$OH=|DH-r|=\left|\frac{\sqrt{42}}{3}-r\right|$$

△OAH において三平方の定理より，

$$OH^2+AH^2=OA^2$$

$$\left(\frac{\sqrt{42}}{3}-r\right)^2+\left(\frac{\sqrt{39}}{3}\right)^2=r^2$$

$$\frac{2\sqrt{42}}{3}r=9$$

$$\therefore\quad r=9\times\frac{3}{2\sqrt{42}}=\frac{9\sqrt{42}}{28}$$

場合の数・確率

5 円順列

この問題で問われていること

- ❑ 1つのものを固定して考えられる
- ❑ 同じものを含む円順列をパターンにわけて考えられる
- ❑ 余事象を利用できる

(1) GR 1 **円順列では1つのものを固定しよう**

COMMERCE の8文字を円形に並べる際にOの位置を固定する。

残った7文字，つまりC2個，E2個，M2個，R1個の順列を考えるので，求める場合の数は

$$\frac{7!}{2!2!2!}=630\ (\text{通り})$$

(2) GR 2 **同じ文字が何個含まれるかで場合分けしよう**

C2個，E2個，M2個，O1個，R1個の8文字から4文字選ぶ際に，同じ文字が何種類含まれるかで場合わけをする。

(i) 同じ文字が2個ずつ選ばれるとき

C，E，Mの3文字から2文字を選ぶので，

$${}_3C_2=3\ (\text{通り})$$

同じ文字が2個ずつ含まれるとき，その文字を a，a，b，b とし，それらを円形に並べる並べ方は以下の2通り。

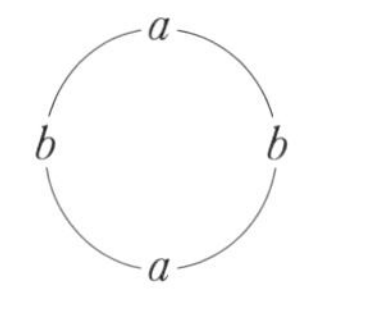

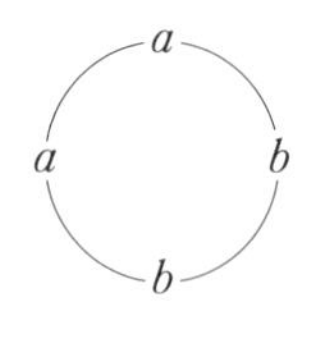

ちょこっとメモ

同じものを含む円順列では，基本的には並べ方のパターンを書き出してみよう。

したがって，

$$3\times 2=6\ (\text{通り})$$

(ii) 同じ文字が2個と別の文字が1文字ずつ選ばれるとき

C，E，Mの3文字から1文字を選び，2個取り出すので，

$${}_3C_1=3\ (\text{通り})$$

残りの 4 文字から 2 文字を選び，1 個ずつ取り出すので，

$_4C_2 = 6$（通り）

選ばれた文字を a，a，b，c とすると，それらを円形に並べる並べ方は b を固定すれば 2 個の a と c の順列となるので，

$\dfrac{3!}{2!} = 3$（通り）

したがって，

$3 \times 6 \times 3 = 54$（通り）

(iii) 選ばれる文字がすべて異なっているとき

C，E，M，O，R の 5 文字から 4 文字を選び，1 個ずつ取り出すので，

$_5C_4 = 5$（通り）

それら異なる 4 文字を円形に並べる並べ方は

$(4-1)! = 6$（通り）

したがって，$5 \times 6 = 30$（通り）

(i)～(iii) より，求める場合の数は

$6 + 54 + 30 =$ **90（通り）**

(3) GR 3 **余事象を利用しよう**

集合 X を 2 個の C が隣り合って並ぶ並べ方とし，集合 Y，Z も同様に 2 個の E，M が隣り合って並ぶ並べ方とする。また，集合 A の要素の個数を $n(A)$ と表す。

GR 4 **ベン図を利用しよう**

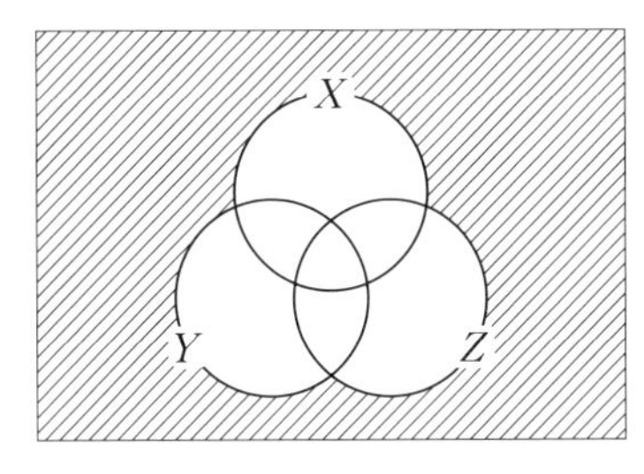

求めるものは

$630 - n(X \cup Y \cup Z)$

である。

5 円順列

隣り合っているC 2個を$\boxed{\text{C}}$と表すとすると，$n(X)$ は$\boxed{\text{C}}$, E, E, M, M, O, Rを円形に並べる並べ方であるから，Oを固定して，

$$n(X)=\frac{6!}{2!2!}=180$$

同様に考えて $n(Y)=n(Z)=180$

$n(X\cap Y)$ は，$\boxed{\text{C}}$，$\boxed{\text{E}}$，M，M，O，Rを円形に並べる並べ方であるから，Oを固定して，

$$n(X\cap Y)=\frac{5!}{2!}=60$$

同様に考えて，

$$n(Y\cap Z)=n(Z\cap X)=60$$

$n(X\cap Y\cap Z)$ は，$\boxed{\text{C}}$，$\boxed{\text{E}}$，$\boxed{\text{M}}$，O，Rを円形に並べる並べ方であるから，

$$n(X\cap Y\cap Z)=(5-1)!=24$$

したがって，

$$\begin{aligned}n(X\cup Y\cup Z)&=n(X)+n(Y)+n(Z)\\&\quad-n(X\cap Y)-n(Y\cap Z)\\&\quad-n(Z\cap X)+n(X\cap Y\cap Z)\\&=180\times3-60\times3+24\\&=384\end{aligned}$$

注意

うろ覚えになりやすい知識なので，ベン図を用いて理解しておこう。特に最後の項でのミスが多い。

以上から求める場合の数は

$630-384=$ **246（通り）**

公式・定理のおさらい

●順列

異なるn個のものからr個取り出して1列に並べる並べ方は,

$${}_nP_r = n(n-1)(n-2)\cdots(n-r+1)$$ (通り)

●円順列

異なるn個のものを円状に並べる並べ方は,

$(n-1)!$ (通り)

●同じものを含む順列

n個のもののうち，同じものがそれぞれp個，q個，r個，…あるとき，これらn個のものを1列に並べる並べ方は,

$\dfrac{n!}{p!q!r!\cdots}$ (通り)（ただし，$n=p+q+r+\cdots$）

●組合せ

異なるn個のものからr個取り出す取り出し方は,

$${}_nC_r = \frac{n(n-1)(n-2)\cdots(n-r+1)}{r(r-1)(r-2)\cdots1} = \frac{n!}{r!(n-r)!}$$ (通り)

●重複組合せ

異なるn個のものから，同じものを繰り返し使うことができるとして，r個取り出す組合せは，r個の○と$n-1$個の｜の順列より,

${}_{n+r-1}C_r$ (通り)

例 a，b，cから同じものを繰り返し使うことができるとして，5個取る組合せは

aaaaa → ○○○○○｜｜
aaaab → ○○○○｜○｜
aaabc → ○○○｜○｜○
⋮
ccccc → ｜｜○○○○○

→ ${}_{3+5-1}C_5 = {}_7C_5 = 21$ (通り)

5 円順列

6 組合せとの対応関係（○と|との対応）

この問題で問われていること

- □ 組合せ（○と｜）との対応に気付くことができる

(1) 足して30となる2つの自然数は

$1+29,\ 2+28,\ 3+27,\ \cdots,\ 29+1$

から，29通り。

(2) GR 1 **組合せとの対応（○と｜との対応）を考えよう**

$a,\ b,\ c$ を自然数とする。求めるものは

$a+b+c=30$

の整数解 $a,\ b,\ c$ の組の総数である。

これらの総数は，まず○を30個並べ，それらの間（29カ所）のうちの2カ所に仕切り｜を入れる方法に対応している（下図）。

○∧○∧○∧○∧…∧○∧○∧○

したがって，求める順列の総数は

$${}_{29}C_2=\frac{29\cdot 28}{2\cdot 1}=\textbf{406（通り）}$$

> **ちょこっとメモ**
> 区別のないものを区別があるようにわける際は，このように○と|との対応関係を利用できる。

> **ちょこっとメモ**
> 例えば，
> ○○|○○…○○|○○○
> 2個　25個　3個
> となれば，
> $a=2,\ b=25,\ c=3$
> である。

［別解］ $a,\ b,\ c$ の組の総数は次のようにも考えられる。

まず○をA，B，Cに1つずつ配っておき（下図の◎），その後，残った27個の○を0個になってもよいようにA，B，Cに配ると考える（下図）。

○27個と｜2本の並べ方に対応するから，

求める総数は

$$\frac{(27+2)!}{27!2!}=\textbf{406（通り）}$$

> **ちょこっとメモ**
> 27個の同じ○と2個の同じ|を1列に並べる並べ方。

(3) GR 2 **重複度でパターンわけして考えよう**

(2) の 406 通りの a, b, c の組は以下の 3 つに分類できる。

(ｉ) $a=b=c$ となっているもの

(ii) a, b, c のうちどれか 2 つだけが同じで，残りが異なるもの

(iii) a, b, c のいずれも異なるもの

(ｉ) の場合

$a=b=c=10$ の 1 通り

(ii) の場合

$a=b\neq c$ となるものは

$$(a, b, c)=(1, 1, 28), (2, 2, 26), (3, 3, 24), \cdots, (14, 14, 2)$$

の 14 通りから，

$(a, b, c)=(10, 10, 10)$ を除いた 13 通りある。

$b=c\neq a$，$c=a\neq b$ も同様に 13 通りある。

まとめて，

$$13+13+13=39 \text{（通り）}$$

注意

$(a, b, c)=(10, 10, 10)$ は (ｉ) で既に数えている。

(iii) の場合

406 通りの中から (ｉ)，(ii) の場合を除いて，

$$406-(1+39)=366 \text{（通り）}$$

このとき，a, b, c の並び替えの $3!$ 通りだけ重複して数えているから，

$$\frac{366}{3!}=61 \text{（通り）}$$

注意

例えば，$(a, b, c)=(1, 2, 27)$ のいずれかとすると，$(a, b, c)=(1, 2, 27), (1, 27, 2), (2, 1, 27), (2, 27, 1), (27, 1, 2), (27, 2, 1)$, と 6 通りあるが，これらは同じ組合せである。

以上から，求める組合せの総数は

$$1+13+61=\mathbf{75} \text{ **（通り）**}$$

7 頂点を選んでできる三角形の個数

この問題で問われていること

- ❑ 重複がないように頂点・辺で場合わけできる
- ❑ 二等辺三角形の個数を数えられる
- ❑ 鈍角三角形の個数を数えられる

正十角形の各頂点 P_1, P_2, P_3, …, P_{10} は同一円周上の点である。

(1) GR 1 **重複しないように頂点・辺で場合わけしよう**

P_1P_2 のみを正十角形と共有する三角形を考える。

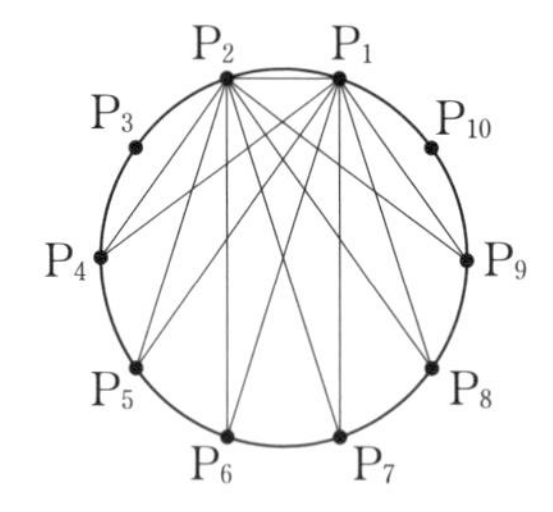

残りの 1 点は P_4～ P_9 の 6 通りの選び方がある。

共有する辺は P_1P_2, P_2P_3, P_3P_4, …, $P_{10}P_1$ の 10 通りあるから,

$10\times 6=$ **60（個）**

(2) GR 2 **二等辺三角形は頂角に着目しよう**

P_1 が頂角になる二等辺三角形を考える。

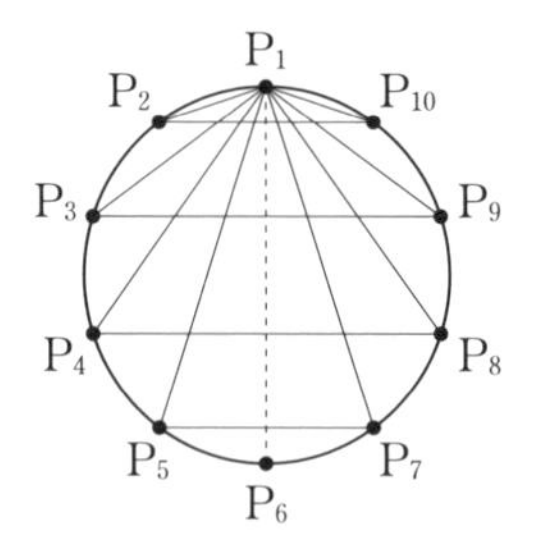

上の図から, P_1 が頂角となる二等辺三角形は 4 通りある。

頂角となる点は P_1, P_2, …, P_{10} の 10 通りあるから,

$4 \times 10 = 40$（個）

(3) GR 3 鈍角三角形では鈍角に着目しよう

$\angle P_1$ が鈍角となる三角形を考える。

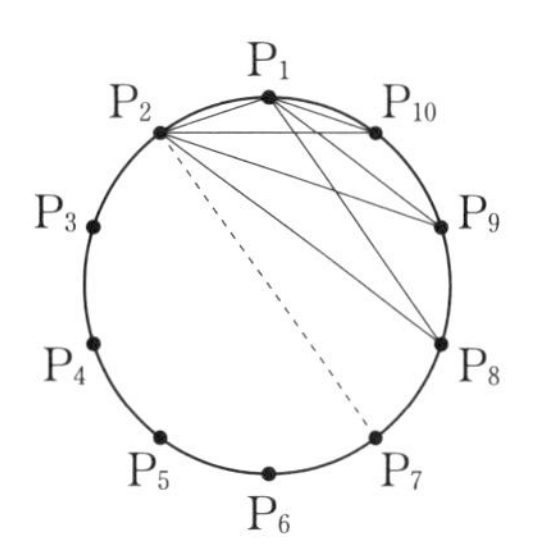

P_1P_2 を1辺とする三角形において，$\angle P_1$ が鈍角となるのは残り1点が P_8，P_9，P_{10} の3通り。

同様に，P_1P_3 のとき2通り，P_1P_4 を1辺とするとき1通りある。

したがって，$\angle P_1$ が鈍角となる三角形は6通りある。鈍角となる点は P_1，P_2，P_3，…，P_{10} の10通りあるから，全部で

$6 \times 10 = 60$（個）

COLUMN

鋭角三角形の個数

鋭角三角形では，頂点や辺で場合わけをしても重複が多くなり，直接考えることが難しい。

そこで，三角形は

①鋭角三角形

②直角三角形

③鈍角三角形

の3つにわけられることから，

(鋭角三角形の個数)

＝(全部の三角形の個数)－(鈍角三角形の個数)－(直角三角形の個数)

と余事象の考え方を利用して求めよう。

8 場合の数の漸化式

この問題で問われていること

❏ 最初の一手に着目して場合の数の漸化式を立式できる

GR 1 場合の数の漸化式では最初の1手で場合わけしよう

縦2，横 n $(n \geqq 3)$ の部屋にタイルを左から敷きつめることを考える。最初にどのタイルを配置するのかを考えると，以下の3通りがある。

(i) 2辺の長さが1と2の長方形を縦に配置する

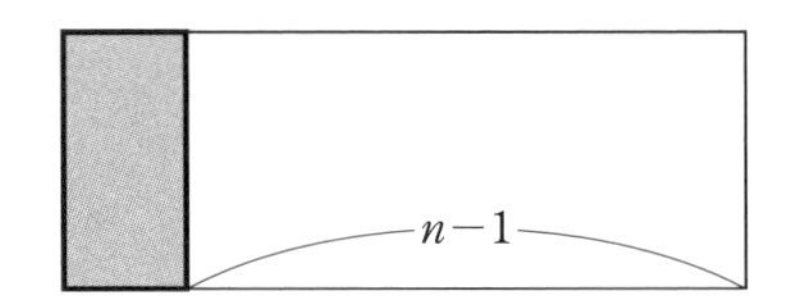

このとき，部屋の残りの部分を敷きつめる方法は，縦2，横 $n-1$ の部屋に敷きつめるのと同じであり A_{n-1} 通りある。

(ii) 2辺の長さが1と2の長方形を横に配置する

注意

横に配置すると，自動的に2枚配置することになる。

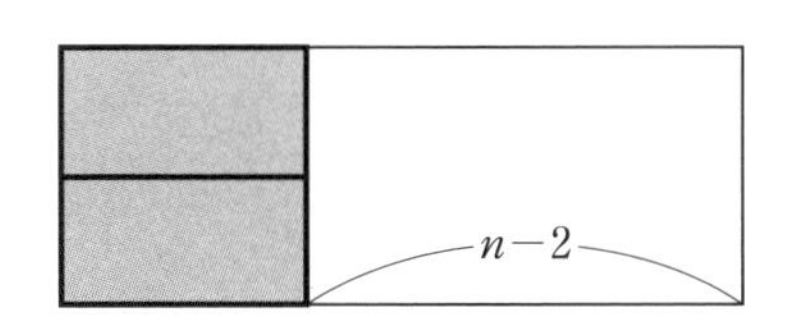

このとき，最初に敷いたタイルの下に，同じように長方形のタイルを横に敷く。

また，部屋の残りの部分を敷きつめる方法は，縦2，横 $n-2$ の部屋に敷きつめるのと同じであり A_{n-2} 通りある。

（iii） 1辺の長さが2の正方形を配置する

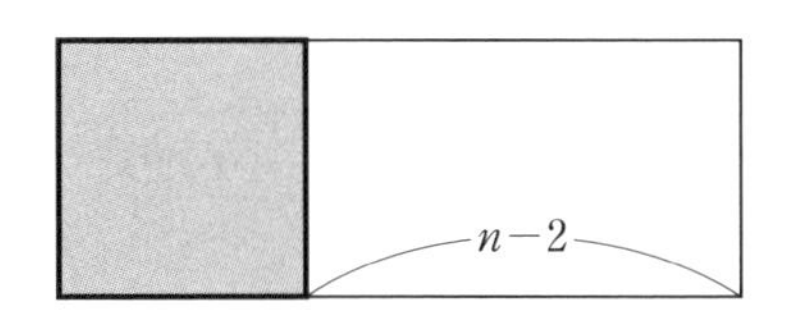

このとき，部屋の残りの部分を敷きつめる方法は，縦2，横$n-2$の部屋に敷きつめるのと同じでありA_{n-2}通りある。

以上から，

$A_n = A_{n-1} + 2A_{n-2}$

COLUMN

最後に着目しよう

解説では，最初にどのタイルをどう配置するかに着目したが，最後に着目して考えてみよう。

（i）

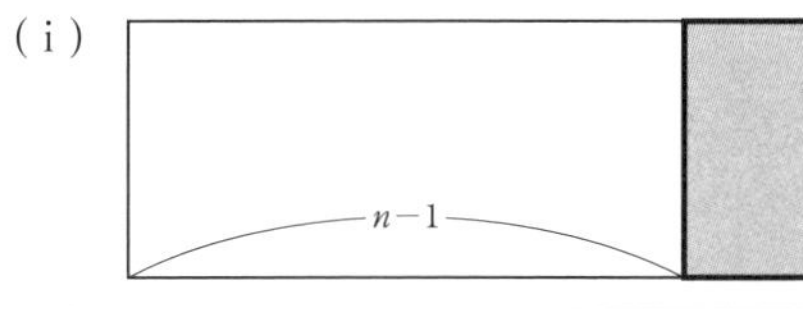

$n-1$までタイルを敷き（A_{n-1}通り），最後に，2辺の長さが1と2の長方形を縦に配置する。

（ii）

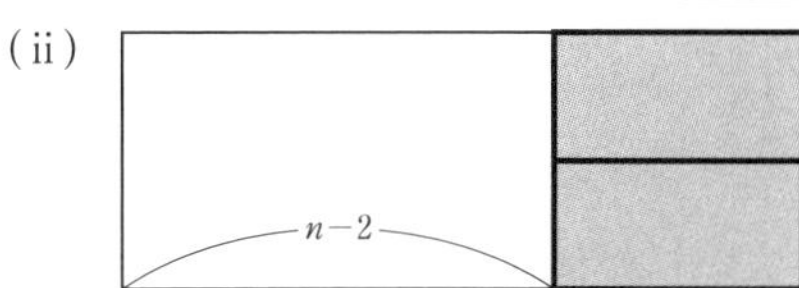

$n-2$までタイルを敷き（A_{n-2}通り），最後に，2辺の長さが1と2の長方形を横に配置する。

（iii）

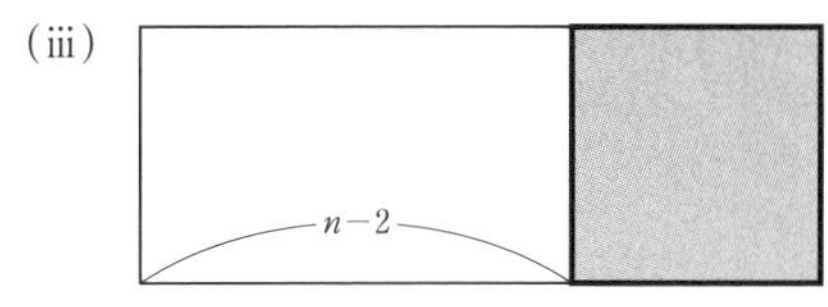

$n-2$までタイルを敷き（A_{n-2}通り），最後に，1辺の長さ2の正方形を配置する。

（i）～（iii）より，

$A_n = A_{n-1} + 2A_{n-2}$

9 積が●の倍数

この問題で問われていること

- ☐ 素因数に着目して考えられる
- ☐ 余事象を利用して考えられる

(1) GR 1 素因数に着目して考えよう

事象 A, B を以下のように設定する。

GR 2 余事象を利用しよう

A：X_k がすべて偶数ではない

B：X_k がすべて 5 の倍数でない

求める確率は $1-P(A\cup B)$ である。

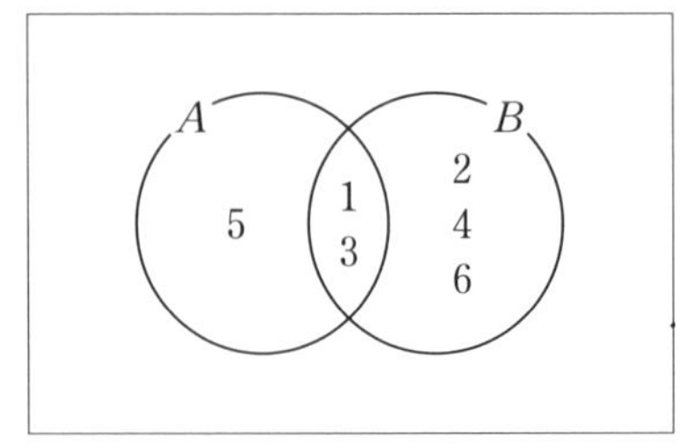

$$P(A\cup B)=P(A)+P(B)-P(A\cap B)$$
$$=\left(\frac{3}{6}\right)^n+\left(\frac{5}{6}\right)^n-\left(\frac{2}{6}\right)^n$$
$$=\left(\frac{1}{2}\right)^n+\left(\frac{5}{6}\right)^n-\left(\frac{1}{3}\right)^n$$

注意

$P(A\cap B)$ は，奇数で 5 の倍数でない確率。つまり，1 または 3 の目が n 回出る確率。

したがって，

$$1-P(A\cup B)=\mathbf{1-\left(\frac{1}{2}\right)^n-\left(\frac{5}{6}\right)^n+\left(\frac{1}{3}\right)^n}$$

(2)　積 $X_1X_2\cdots X_n$ を素因数分解したときの素因数2の個数に関して，積が4の倍数にならないときは以下の2通りに分けられる。

（i）　素因数2が0個のとき

X_1，X_2，…，X_n のすべてが奇数であるときであるから，

$$\left(\frac{3}{6}\right)^n=\left(\frac{1}{2}\right)^n$$

（ii）　素因数2が1個のとき

X_1，X_2，…，X_n の中で，2か6が1回，残り $(n-1)$ 回が奇数であるときであるから，

$$_n\mathrm{C}_1\left(\frac{2}{6}\right)\left(\frac{3}{6}\right)^{n-1}=n\left(\frac{1}{3}\right)\left(\frac{1}{2}\right)^{n-1}$$

ちょこっとメモ

反復試行の確率→ p.37

したがって，求める確率は

$$\mathbf{1-\left(\frac{1}{2}\right)^n-\frac{n}{3}\left(\frac{1}{2}\right)^{n-1}}$$

公式・定理のおさらい

●反復試行の確率

2か6が出ることを○，奇数が出ることを×と表す。

n 回中，○が1回，×が $n-1$ 回出るのは，下記のいずれか。

1	2	3	…	$n-1$	n		
○	×	×	…	×	×	…	$\left(\frac{2}{6}\right)\left(\frac{3}{6}\right)^{n-1}$
×	○	×	…	×	×	…	$\left(\frac{2}{6}\right)\left(\frac{3}{6}\right)^{n-1}$
×	×	○	…	×	×	…	$\left(\frac{2}{6}\right)\left(\frac{3}{6}\right)^{n-1}$
			⋮				
×	×	×	…	×	○	…	$\left(\frac{2}{6}\right)\left(\frac{3}{6}\right)^{n-1}$

上のような状況で，$\left(\frac{2}{6}\right)\left(\frac{3}{6}\right)^{n-1}$ と同じ確率が，○1個，× $n-1$ 個の並べ方（$_n\mathrm{C}_1$）と同数あり，$_n\mathrm{C}_1\left(\frac{2}{6}\right)\left(\frac{3}{6}\right)^{n-1}$ で求められる。

10 和が●の倍数

この問題で問われていること

□ ある数で割った余りで数を分類して考えられる

(1) カードの取り出し方は全部で $_{80}C_3$ 通りある。

GR 1 余りに着目して考えよう

1〜40 までの数を 2 で割った余りで分類する。

A（余り 0）：2，4，6，…，40

B（余り 1）：1，3，5，…，39

A，B には各数字のカードが 2 枚ずつ，計 40 枚ずつカードがある。

3 つの数の和が 2 の倍数となる場合は，以下のときである。

(i) A から 3 枚のカードを取り出すとき

このとき，40 枚のカードから 3 枚取り出すので，

$_{40}C_3 = 9880$（通り）

(ii) A から 1 枚，B から 2 枚のカードを取り出すとき

このとき，A，B には 40 枚ずつカードがあるので，

$_{40}C_1 \times {}_{40}C_2 = 31200$（通り）

ちょこっとメモ

積の法則→ p.39

したがって，求める確率は

$$\frac{9880 + 31200}{_{80}C_3} = \frac{41080}{82160} = \underline{\frac{1}{2}}$$

ちょこっとメモ

和の法則→ p.39

(2) 1〜40 までの数を 3 で割った余りで分類する。

X（余り 0）：3，6，…，39 （13 通り）

Y（余り 1）：1，4，…，37，40 （14 通り）

Z（余り 2）：2，5，…，38 （13 通り）

X，Z には 26 枚ずつ，Y には 28 枚のカードがある。

3 つの数の和が 3 の倍数となる場合は，以下のときである。

(ⅰ) X から 3 枚のカードを取り出すとき

このとき，26 枚のカードから 3 枚取り出すので，

$${}_{26}C_3 = 2600 \text{（通り）}$$

(ⅱ) Y から 3 枚のカードを取り出すとき

このとき，28 枚のカードから 3 枚取り出すので，

$${}_{28}C_3 = 3276 \text{（通り）}$$

(ⅲ) Z から 3 枚のカードを取り出すとき

このとき，26 枚のカードから 3 枚取り出すので，

$${}_{26}C_3 = 2600 \text{（通り）}$$

(ⅳ) X，Y，Z から 1 枚ずつカードを取り出すとき

カードの取り出し方は

$${}_{26}C_1 \cdot {}_{28}C_1 \cdot {}_{26}C_1 = 18928 \text{（通り）}$$

ちょこっとメモ

積の法則→ p.39

したがって，求める確率は

$$\frac{2600 + 3276 + 2600 + 18928}{{}_{80}C_3} = \frac{27404}{82160} = \mathbf{\frac{527}{1580}}$$

ちょこっとメモ

和の法則→ p.39

公式・定理のおさらい

●和の法則

2 つのことがら A，B があり，A である場合が m 通り，B である場合が n 通りあって，A と B は同時には起きないとき，A または B である場合は，$m+n$ 通りである。

●積の法則

2 つのことがら A，B があり，A である場合が m 通りあり，A であるそれぞれの場合に対して B である場合が n 通りあるとき，A かつ B である場合は，$m \times n$ 通りである。

11 非復元抽出

この問題で問われていること

- ☐ 玉の並べ方に着目して確率を求められる

(1) GR 1 **非復元抽出では並べ方に着目して考えよう**

7個の青玉と，3個の赤玉の並べ方は $_{10}C_3$ 通りある。

この並べ方のうち，4回目に初めて赤玉を取り出す場合を考える。

GR 2 **4回目までと5回目以降にわけて赤玉，青玉の並べ方を考えよう**

赤玉を○，青玉を × として表すと，

1 2 3 4 5 …… 10

× × × ○ [○2個 ×4個]

着眼点

5回目から10回目までは，○2個，×4個の並べ方

$\frac{6!}{2!4!} = {}_6C_2$（通り）

このような並べ方は $1 \times {}_6C_2$ 通り ある。

したがって，求める確率は

$$\frac{_6C_2}{_{10}C_3} = \frac{15}{120} = \frac{1}{8}$$

(2) GR 3 **全部取り出した状況で考えよう**

GR 4 **8回目までと9回目以降にわけて赤玉，青玉の並べ方を考えよう**

8回目までにすべての赤玉が取り出されるのは

1 2 …… 8 9 10

[○3個 ×5個] [×2個]

着眼点

1回目から8回目までは，○3個，×5個の並べ方

$\frac{8!}{3!5!} = {}_8C_3$（通り）

このような並べ方は ${}_8C_3 \times 1$ 通り ある。

したがって，求める確率は

$$\frac{_8C_3}{_{10}C_3} = \frac{56}{120} = \frac{7}{15}$$

(3) GR 5 **8回目に赤玉が出ることに注意して並べ方を考えよう**

8回目にちょうど赤玉3個が取り出されるのは

1 2 …… 7 8 9 10

| ○2個　×5個 | ○ | ×2個 |

このような並べ方は $_7C_2 \times 1$ 通り ある。

したがって，求める確率は

$$\frac{_7C_2}{_{10}C_3} = \frac{21}{120} = \frac{\mathbf{7}}{\mathbf{40}}$$

［別解］ 解答では，10回まですべての玉を並べているが，途中までで考えることもできる。

(1) 4回目までの玉の並べ方を考えると，

1 2 3 4

× × × ○

$$\frac{_7C_3 \times 3! \times {_3C_1}}{10 \cdot 9 \cdot 8 \cdot 7} = \frac{7 \cdot 6 \cdot 5 \cdot 3}{10 \cdot 9 \cdot 8 \cdot 7} = \frac{\mathbf{1}}{\mathbf{8}}$$

> **ちょこっとメモ**
> 赤玉　3個から1個選ぶ。
> 白玉　7個から3個選び並べる。

(2) 8回目までの玉の並べ方を考えると，

1 2 3 4 5 6 7 8

| ○3個　×5個 |

$$\frac{({_3C_3} \times {_7C_5}) \times 8!}{10 \cdot 9 \cdot 8 \cdot 7 \cdot 6 \cdot 5 \cdot 4 \cdot 3} = \frac{\mathbf{7}}{\mathbf{15}}$$

> **ちょこっとメモ**
> 赤玉　3個から3個選ぶ。
> 白玉　7個から5個選ぶ。
> 選んだ8個の玉を並べる。

(3) 8回目までの玉の並べ方を考えると，

1 2 3 4 5 6 7 8

| ○2個　×5個 | ○

$$\frac{({_3C_2} \times {_7C_5}) \times 7! \times 1}{10 \cdot 9 \cdot 8 \cdot 7 \cdot 6 \cdot 5 \cdot 4 \cdot 3} = \frac{\mathbf{7}}{\mathbf{40}}$$

12 確率漸化式

この問題で問われていること

- ☐ 確率漸化式では n 回目と $n+1$ 回目の推移をみることができる
- ☐ B_i ($i=1,\ 2,\ 3,\ 4$) からの確率をまとめて考えられる
- ☐ 複数の漸化式では対称性，文字消去を利用できる

(1) GR 1 **確率漸化式では n 回目と $n+1$ 回目の推移をみよう**

n 回目から $n+1$ 回目への点の移動を考える。

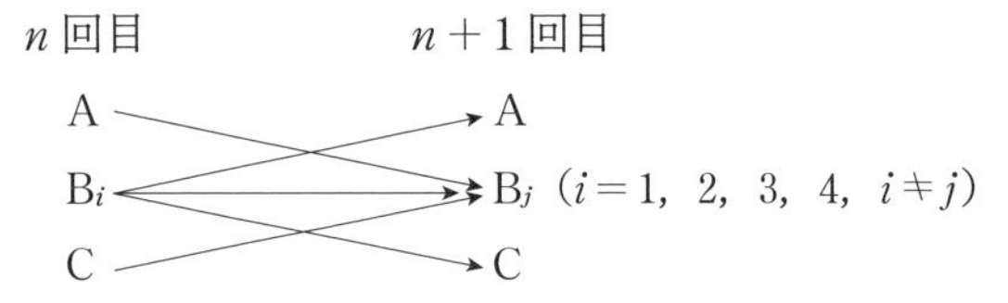

GR 2 **B_1，B_2，B_3，B_4 はまとめて考えよう**

(i) $n+1$ 回目に X が A にいるのは以下のときである。

n 回目に B_i ($i=1,\ 2,\ 3,\ 4$) にあり，$n+1$ 回目に A へ移動するとき，

$B_i \to A$ は確率 $\frac{1}{4}$ で移動するから，

$$\boldsymbol{a_{n+1}=\frac{1}{4}b_n}$$

(ii) $n+1$ 回目に X が B_i にいるのは以下のときである。

- n 回目に A にあり，$n+1$ 回目に B_i へ移動するとき
- n 回目に B_j にあり，$n+1$ 回目に B_i ($i \neq j$) へ移動するとき
- n 回目に C にあり，$n+1$ 回目に B_i へ移動するとき

それぞれ，

$A \to B_i$ は確率 1，

$B_i \to B_j\ (i \neq j)$ は確率 $\frac{2}{4}$，

$C \to B_i$ は確率 1 で移動するから

$$\boldsymbol{b_{n+1}=a_n+\frac{1}{2}b_n+c_n}$$

注意

$B_1 \to B_4$：確率 $\frac{1}{4}$

$B_1 \to B_2$：確率 $\frac{1}{4}$

より，$\frac{1}{4}+\frac{1}{4}=\frac{2}{4}$

(iii) $n+1$ 回目に X が C にいるのは以下のときである。

n 回目に B_i にあり，$n+1$ 回目に C へ移動するとき

このとき，B_i からは $\frac{1}{4}$ の確率で C へと移動する。

$B_i \to C$ は確率 $\frac{1}{4}$ で移動するから，

$$\boldsymbol{c_{n+1}=\frac{1}{4}b_n}$$

(2) GR 3 b_n に統一して計算しよう

(1) から，

$$b_{n+2}=a_{n+1}+\frac{1}{2}b_{n+1}+c_{n+1}$$
$$=\frac{1}{4}b_n+\frac{1}{2}b_{n+1}+\frac{1}{4}b_n$$
$$=\frac{1}{2}b_{n+1}+\frac{1}{2}b_n$$

注意

$a_{n+1}=\frac{1}{4}b_n$,
$c_{n+1}=\frac{1}{4}b_n$
を代入。

したがって，$b_{n+2}-\frac{1}{2}b_{n+1}-\frac{1}{2}b_n=0$

GR 4 3 項間漸化式は等比数列の形を作ろう

これらは次のように変形できる。

$$\begin{cases} b_{n+2}-b_{n+1}=-\frac{1}{2}(b_{n+1}-b_n) & \cdots\cdots① \\ b_{n+2}+\frac{1}{2}b_{n+1}=b_{n+1}+\frac{1}{2}b_n & \cdots\cdots② \end{cases}$$

ちょこっとメモ

p.44 を参照。

①から，数列 $\{b_{n+1}-b_n\}$ は初項 b_2-b_1，公比 $-\frac{1}{2}$ の等比数列である。

$$b_1=1,\ b_2=a_1+\frac{1}{2}b_1+c_1=0+\frac{1}{2}\times1+0=\frac{1}{2}$$

であるから，

$$b_{n+1}-b_n=\left(\frac{1}{2}-1\right)\left(-\frac{1}{2}\right)^{n-1}=\left(-\frac{1}{2}\right)^n \quad \cdots\cdots③$$

注意

$b_{n+1}=a_n+\frac{1}{2}b_n+c_n$
に
$a_1=0$，$b_1=1$，$c_1=0$
を代入。

②から，数列 $\left\{b_{n+1}+\frac{1}{2}b_n\right\}$ は

$$b_{n+1}+\frac{1}{2}b_n=b_2+\frac{1}{2}b_1=1 \quad \cdots\cdots ④$$

④－③から，

$$\frac{3}{2}b_n=1-\left(-\frac{1}{2}\right)^n$$

$$\therefore \quad \boldsymbol{b_n=\frac{2}{3}\left\{1-\left(-\frac{1}{2}\right)^n\right\}}$$

注意

連立方程式③，④を解いている。

公式・定理のおさらい

●(2) の 3 項間漸化式

$$b_{n+2}-\frac{1}{2}b_{n+1}-\frac{1}{2}b_n=0 \quad \cdots\cdots ①$$

を，次のように等比数列の漸化式に変形する。

$$\underbrace{b_{n+2}-\alpha b_{n+1}}_{c_{n+1}}=\beta\underbrace{(b_{n+1}-\alpha b_n)}_{c_n} \quad \cdots\cdots ②$$

②は，

$$b_{n+2}-\alpha b_{n+1}=\beta b_{n+1}-\alpha\beta b_n$$

$$b_{n+2}-(\alpha+\beta)b_{n+1}+\alpha\beta b_n=0 \quad \cdots\cdots ②'$$

①と②′を比べて，

$$\alpha+\beta=\frac{1}{2},\ \alpha\beta=-\frac{1}{2}$$

となる α，β は，$x^2-\frac{1}{2}x-\frac{1}{2}=0$ の解であるから，

$$x^2-\frac{1}{2}x-\frac{1}{2}=0,\ 2x^2-x-1=0,\ (2x+1)(x-1)=0$$

$$\therefore \quad x=-\frac{1}{2},\ 1$$

となり，$(\alpha,\ \beta)=\left(-\frac{1}{2},\ 1\right)$，$\left(1,\ -\frac{1}{2}\right)$ を用いれば，等比数列の漸化式の形に変形できる。

左ページの下の囲みの考え方を，次の例でも利用してみよう。

例　$a_{n+1}=2a_n+3n+1$，$a_1=1$

$$\underbrace{a_{n+1}+\alpha(n+1)+\beta}_{c_{n+1}}=2(\underbrace{a_n+\alpha n+\beta}_{c_n})$$

（a_n の係数が 2 なので，公比が 2 の形を作りたい。
その際に，$3n+1$ をうまく分けることを考える。）

$$a_{n+1}+\alpha n+\alpha+\beta=2a_n+2\alpha n+2\beta$$

$$a_{n+1}=2a_n+\alpha n-\alpha+\beta$$

$$\begin{cases}\alpha=3\\-\alpha+\beta=1\end{cases}$$

$\therefore$　$\alpha=3$，$\beta=4$

以上から，与えられた漸化式は，

$$a_{n+1}+3(n+1)+4=2(a_n+3n+4)$$

と変形できる。

数列 $\{a_n+3n+4\}$ は，初項 $a_1+3+4=8$，公比 2 の等比数列であるから，

$$a_n+3n+4=8\cdot2^{n-1}$$

$$a_n=2^{n+2}-3n-4$$

12

確率漸化式

CHAPTER 4

整数

13 整数方程式

この問題で問われていること

- ❏ (整数)×(整数)＝(整数) の形を作ることができる
- ❏ 不等式を利用して文字の値の範囲を絞ることができる

(1) ①において $c=1$ とすると,

$$\left(1+\frac{1}{a}\right)\left(1+\frac{1}{b}\right)\left(1+\frac{1}{1}\right)=2$$

$$\therefore \quad \left(1+\frac{1}{a}\right)\left(1+\frac{1}{b}\right)=1$$

ここで, a, b は正の整数であるから,

$$1+\frac{1}{a}>1,\quad 1+\frac{1}{b}>1$$

したがって,

$$\left(1+\frac{1}{a}\right)\left(1+\frac{1}{b}\right)>1$$

となり, $c=1$ のとき①を満たす正の整数 a, b は存在しない。

(2) ①において $c=2$ とすると,

$$\left(1+\frac{1}{a}\right)\left(1+\frac{1}{b}\right)\left(1+\frac{1}{2}\right)=2$$

$$\frac{3}{2}\left(1+\frac{1}{a}\right)\left(1+\frac{1}{b}\right)=2$$

両辺に $2ab$ をかけると,

GR 1 2 変数の整数方程式では (整数)×(整数)＝(整数) の形を作ろう

$$3(a+1)(b+1)=4ab$$

$$ab-3a-3b-3=0$$

GR 2 $xy+\bigcirc x+\bullet y=\square$ の形は積の形に直そう

$$(a-3)(b-3)=12$$

a, b は正の整数 $(a \geqq b)$ であるから,

$$a-3 \geqq b-3 \geqq 1-3=-2$$

であることに注意して,

$$(a-3,\ b-3)=(12,\ 1),\ (6,\ 2),\ (4,\ 3)$$

$\therefore\ (a,\ b)=$ **(15, 4), (9, 5), (7, 6)**

(3) GR 3 3変数以上の整数方程式では範囲を絞り込もう

$c \geqq 4$ とすると, $a \geqq b \geqq c \geqq 4$ であるから,

$$1+\frac{1}{a} \leqq 1+\frac{1}{b} \leqq 1+\frac{1}{c} \leqq 1+\frac{1}{4}=\frac{5}{4}$$

よって,

$$\left(1+\frac{1}{a}\right)\left(1+\frac{1}{b}\right)\left(1+\frac{1}{c}\right) \leqq \left(\frac{5}{4}\right)^3=\frac{125}{64}<2$$

となり, $c \leqq 3$ である。

注意

$\left(1+\frac{1}{a}\right)\left(1+\frac{1}{b}\right)\left(1+\frac{1}{c}\right) \neq 2$

より, $c \geqq 4$ でない。

つまり, $c \leqq 3$

$c=3$ のとき①は,

$$\left(1+\frac{1}{a}\right)\left(1+\frac{1}{b}\right)\left(1+\frac{1}{3}\right)=2$$

$$\frac{4}{3}\left(1+\frac{1}{a}\right)\left(1+\frac{1}{b}\right)=2$$

両辺に $3ab$ をかけると,

$$4(a+1)(b+1)=6ab$$

$$ab-2a-2b-2=0$$

$$(a-2)(b-2)=6$$

$a,\ b$ は正の整数であり, $a \geqq b \geqq 3$ より,

$$a-2 \geqq b-2 \geqq 3-2=1$$

であることに注意して,

$$(a-2,\ b-2)=(6,\ 1),\ (3,\ 2)$$

$\therefore\ (a,\ b)=(8,\ 3),\ (5,\ 4)$

(1), (2) と合わせて, 求める $(a,\ b,\ c)$ は

$(a,\ b,\ c)=$ **(15, 4, 2), (9, 5, 2), (7, 6, 2), (8, 3, 3), (5, 4, 3)**

CHAPTER 4 整数

14 1次不定方程式

この問題で問われていること

- ☐ 1次不定方程式を解くことができる
- ☐ 不等式の幅を考えられる

(1) GR 1 **具体的な解を1つみつけよう**

$$65x+31y=1$$
$$(31\times2+3)x+31y=1$$
$$31(2x+y)+3x=1$$

これを満たすのは

$$\begin{cases}2x+y=1\\x=-10\end{cases}\quad\therefore\quad x=-10,\ y=21$$

ちょこっとメモ

$2x+y=1$, $x=-10$ がみつからないときは $2x+y=z$ として,

$$\underline{31}z+3x=1$$
$$(3\cdot10+1)z+3x=1$$
$$3(10z+x)+z=1$$

として同じ操作をくり返す。

GR 2 **1次不定方程式の解は直線上の格子点とみよう**

$65x+31y=1$ を直線と考えると，求める整数解はこの直線上に存在する格子点のことである。

直線の傾きが $-\dfrac{65}{31}$ であることと，点 $(-10,\ 21)$ がこの直線上の格子点であることから，求める整数解は

$$\begin{pmatrix}x\\y\end{pmatrix}=\begin{pmatrix}-10\\21\end{pmatrix}+k\begin{pmatrix}31\\-65\end{pmatrix}=\begin{pmatrix}\mathbf{31k-10}\\\mathbf{-65k+21}\end{pmatrix}\quad(\boldsymbol{k}:\textbf{整数})$$

(2) GR 3 **x，y の係数で 2016 を割ろう**

$2016=65\times31+1$ であるから，

$$65x+31y=2016$$
$$65x+31y-65\times31=1$$
$$65(x-31)+31y=1$$

(1) を利用して，

$$\begin{cases}x-31=31k-10\\y=-65k+21\end{cases}\quad\therefore\quad\begin{cases}x=31k+21\\y=-65k+21\end{cases}$$

ちょこっとメモ

(1) の
$65\cdot(-10)+31\cdot21=1$
より両辺を 2016 倍して
$65\cdot(-20160)+31\cdot42336=2016$
$65x+31y=2106$
とし，2式をひいてみつけてもよい。

CHAPTER 4 整数

GR 4 方程式を解き，x，y が正となる条件を考えよう

x，y が正の数となる条件は

$$\begin{cases} 31k+21>0 \\ -65k+21>0 \end{cases} \quad \therefore \quad \begin{cases} k>-\dfrac{21}{31} \\ k<\dfrac{21}{65} \end{cases}$$

k が整数であることから $k=0$

求める x，y は

$$\begin{cases} x=31\cdot 0+21 \\ y=-65\cdot 0+21 \end{cases} \quad \therefore \quad \begin{cases} \boldsymbol{x=21} \\ \boldsymbol{y=21} \end{cases}$$

(3) **GR 5 (1)を利用して具体的な解をみつけよう**

(1) より，$65\cdot(-10)+31\cdot 21=1$

両辺を m 倍することで，$65\cdot(-10m)+31\cdot 21m=m$

したがって，$65x+31y=m$ ……① の整数解 x，y は，

$$\begin{cases} x=31k-10m \\ y=-65k+21m \end{cases}$$

x，y が正の数となる条件は

$$\begin{cases} 31k-10m>0 \\ -65k+21m>0 \end{cases} \quad \therefore \quad \frac{10m}{31}<k<\frac{21m}{65} \quad \cdots\cdots②$$

GR 6 不等式の幅を考えよう

ここで，

$$\frac{21m}{65}-\frac{10m}{31}=\frac{m}{2015}$$

であり，$m\geqq 2016$ のとき，

$$\frac{m}{2015}\geqq\frac{2016}{2015}>1$$

となるから，②を満たす整数 k は少なくとも 1 つ存在する。

したがって，①を満たす正の整数 x，y は存在する。

14

1次不定方程式

CHAPTER 4 整数

15 無限降下法

この問題で問われていること

- ❏ 整数問題で倍数・余りに着目することができる
- ❏ 背理法を使える

(1) $n=2$ のとき(＊)は

GR 1 整数問題では倍数・余りに着目しよう

$$x^2+2y^2=4z^2 \iff x^2=2(2z^2-y^2) \quad \cdots\cdots ①$$

x^2 が偶数であるから，x も偶数である。

ここでは $x=2$ とすると，①は

$$2(2z^2-y^2)=4 \iff y^2=2(z^2-1) \quad \cdots\cdots ②$$

同様に y も偶数であるから，$y=4$ とする。

このとき②は

$$2(z^2-1)=16 \iff z^2=9$$

$\therefore \quad z=3$

以上から $n=2$ のとき(＊)を満たす自然数 x，y，z の例の 1 つは

$$(x,\ y,\ z)=(2,\ 4,\ 3)$$

(2) GR 2 否定的な命題には背理法が有効

$n \geqq 3$ のとき，(＊)を満たす自然数 x，y，z が存在すると仮定すると，

$$x^n+2y^n=4z^n \iff x^n=2(2z^n-y^n) \quad \cdots\cdots ③$$

GR 3 x^n が偶数→x が偶数であることを利用しよう

x^n が偶数であるから，x も偶数である。

したがって，x は自然数 X を用いて $x=2X$ と表せる。

このとき③は

$$2^nX^n=2(2z^n-y^n) \iff y^n=2(z^n-2^{n-2}X^n) \quad \cdots\cdots ④$$

$n \geqq 3$ であるから $n-2 \geqq 1$ となり y^n は偶数である。上と同じ議論から自然数 Y を用いて $y=2Y$ と表せる。

このとき④は

$$2^nY^n = 2(z^n - 2^{n-2}X^n) \iff z^n = 2^{n-2}(2Y^n + X^n) \quad \cdots\cdots⑤$$

$n-2 \geqq 1$であるから，同様に自然数Zを用いて，$z=2Z$と表せる。

このとき⑤は

$$2^nZ^n = 2^{n-2}(2Y^n + X^n) \iff X^n + 2Y^n = 4Z^n$$

GR 4 同じ議論を繰り返すことで矛盾をみつけよう

以下，同様に続けると，自然数x，y，zは2で何度でも割れることになるが，そのような自然数は存在しないため矛盾。

よって，$n \geqq 3$のとき，(＊)を満たす自然数は存在しない。

COLUMN

背理法

背理法とは，命題を否定したとき矛盾が生じることを利用し，命題が成立することを示す証明方法である。

結論が成立しないことを仮定するので，示す命題が「…でない」などの否定的なものに有効であることが多い。

例えば，

「$\sqrt{2}$ が無理数であることを示せ」

無理数…有理数でない実数

「aとbが互いに素であることを示せ」

互いに素…aとbが共通する素因数をもたない

など。

CHAPTER 5

式と証明

16　3次方程式の有理数解

この問題で問われていること

- ☐ 有理数のおき方を理解している
- ☐ 互いに素であることを用いて証明ができる

(1) GR 1 **有理数のおき方**

$$x^3+ax^2+bx+c=0 \quad \cdots\cdots①$$

の有理数解を $\dfrac{n}{m}$ とする。m は自然数，n は整数であり，m，n は互いに素であるとする。

$x=\dfrac{n}{m}$ は①の解であるから，

$$\left(\frac{n}{m}\right)^3+a\left(\frac{n}{m}\right)^2+b\left(\frac{n}{m}\right)+c=0$$

$$n^3+amn^2+bm^2n+cm^3=0$$

GR 2 **互いに素な数に着目しよう**

$$n^3=m(-cm^2-bmn-an^2)$$

ここで，m，n は互いに素であるから，$m=1$

よって，$\dfrac{n}{m}$ は整数となる。

注意

m は n^3 の約数となるが，m と n は互いに素なので，$m=1$

(2) GR 3 **(1) の結果を利用しよう**

$$x^3+2x^2+2=0 \quad \cdots\cdots②$$

②が有理数解 α をもつと仮定すると，(1) から α は整数である。

$x=\alpha$ は②の解であるから，

$$\alpha^3+2\alpha^2+2=0$$

ちょこっとメモ

背理法による。

GR 4 **積の形を作ろう**

$$\alpha(-\alpha^2-2\alpha)=2$$

よって，α は2の約数であるから，

$$\alpha=\pm1,\ \pm2$$

ここで，$f(x)=x^3+2x^2+2$ としたとき，

$$f(1)=5,\ f(-1)=3,\ f(2)=18,\ f(-2)=2$$

となり α は②の解ではないので矛盾である。

以上から，②は有理数解をもたない。

COLUMN

3次方程式の有理数解

$$ax^3+bx^2+cx+d=0$$
$$(a,\ b,\ c,\ d：整数，a \fallingdotseq 0,\ d \fallingdotseq 0)$$

が有理数 α を解にもつとき，

$$\alpha=\frac{d の約数}{a の約数}$$

と表せる。

ちょこっとメモ

a，d の約数は負の数も含む。

［**証明**］ $\alpha=\dfrac{n}{m}$（m は自然数，n は整数であり，m，n は互いに素）とする。

α が解であるから，

$$a\left(\frac{n}{m}\right)^3+b\left(\frac{n}{m}\right)^2+c\left(\frac{n}{m}\right)+d=0$$

両辺に m^3 をかけて，

$$an^3+bn^2m+cnm^2+dm^3=0 \quad \cdots\cdots（*）$$

（*）は次のようにできる。

$$n(an^2+bnm+cm^2)=-dm^3$$

左辺は n の倍数であるから，dm^3 は n の倍数であり，n と m が互いに素より，n は d の約数。

また，（*）は，

$$m(bn^2+cnm+dm^2)=-an^3$$

となり，上と同様にして m は a の約数である。

したがって，$\alpha=\dfrac{n}{m}=\dfrac{d の約数}{a の約数}$

17 3文字の相加平均と相乗平均の不等式の証明

この問題で問われていること

- ☐ $x^3+y^3+z^3-3xyz$ の因数分解ができる
- ☐ 3文字に関する相加平均と相乗平均の不等式を証明できる

(1) GR 1 $x^3+y^3=(x+y)^3-3xy(x+y)$ を利用しよう

$$x^3+y^3+z^3-3xyz=\{(x+y)^3-3xy(x+y)\}+z^3-3xyz$$
$$=(x+y)^3+z^3-3xy(x+y)-3xyz$$

GR 2 $x+y=A$ としよう

ここで $A=x+y$ とすると，

$$=A^3+z^3-3xy(x+y)-3xyz$$
$$=\{(A+z)^3-3Az(A+z)\}-3xy(x+y)-3xyz$$
$$=(A+z)^3-3Az(A+z)-3xy(A+z)$$

GR 3 共通因数をくくり出そう

$$=(A+z)\{(A+z)^2-3Az-3xy\}$$
$$=(x+y+z)\{(x+y+z)^2-3(x+y)z-3xy\}$$
$$=(x+y+z)\{(x^2+y^2+z^2+2xy+2yz+2zx)$$
$$-3zx-3yz-3xy\}$$
$$=(x+y+z)(x^2+y^2+z^2-xy-yz-zx)$$

(2) GR 4 $x^2+y^2+z^2-xy-yz-zx$ を変形しよう

$$x^2+y^2+z^2-xy-yz-zx$$
$$=\frac{1}{2}\{(x-y)^2+(y-z)^2+(z-x)^2\}\geqq 0$$

であるから，(1) で $x>0$，$y>0$，$z>0$ のとき，

$$x^3+y^3+z^3-3xyz$$
$$=\frac{1}{2}(x+y+z)\{(x-y)^2+(y-z)^2+(z-x)^2\}\geqq 0$$

> **注意**
> $(x+y+z)>0$,
> $(x-y)^2\geqq 0$,
> $(y-z)^2\geqq 0$,
> $(z-x)^2\geqq 0$

GR 5 (1) を利用しよう

ここで，$x=\sqrt[3]{a}$，$y=\sqrt[3]{b}$，$z=\sqrt[3]{c}$ とすると，

$a>0$，$b>0$，$c>0$ より，$\sqrt[3]{a}$，$\sqrt[3]{b}$，$\sqrt[3]{c}$ は実数だから，

$$(\sqrt[3]{a})^3+(\sqrt[3]{b})^3+(\sqrt[3]{c})^3-3\sqrt[3]{a}\sqrt[3]{b}\sqrt[3]{c}\geqq 0$$

$$a+b+c-3\sqrt[3]{abc}\geqq 0$$

$$\therefore\quad \frac{a+b+c}{3}\geqq\sqrt[3]{abc}$$

ちょこっとメモ

$\sqrt[3]{a}$ は a の3乗根。

COLUMN

視覚的に(2)が成り立つことをみてみよう

視覚的に (2) が成り立つことをみてみよう。

$y=\log_p x$ $(p>1)$ のグラフ上に

$A(a,\ \log_p a)$，$B(b,\ \log_p b)$，$C(c,\ \log_p c)$ $(0<a<b<c)$

をとる。

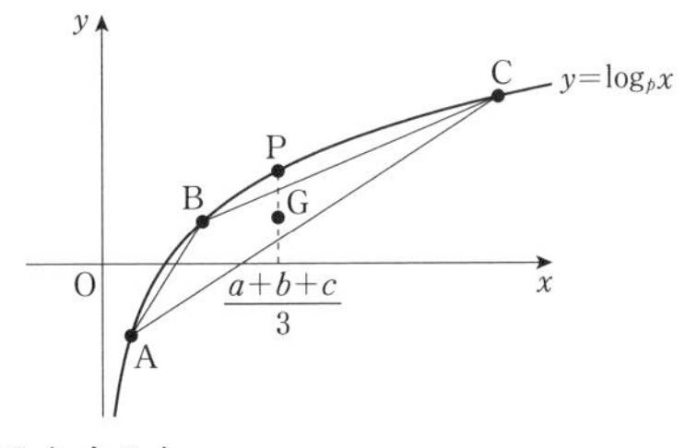

△ABC の重心を G とすると，

$$G\left(\frac{a+b+c}{3},\ \frac{\log_p a+\log_p b+\log_p c}{3}\right)$$

であり，点 P を

$$P\left(\frac{a+b+c}{3},\ \log_p\frac{a+b+c}{3}\right)$$

とすると，G は $y<\log_p x$ の領域に存在するから，

(P の y 座標)$>$(G の y 座標)

$$\log_p\frac{a+b+c}{3}>\frac{\log_p a+\log_p b+\log_p c}{3}$$

$$\log_p\frac{a+b+c}{3}>\log_p(abc)^{\frac{1}{3}}$$

$$\frac{a+b+c}{3}>\sqrt[3]{abc}$$

18 コーシー・シュワルツの不等式

この問題で問われていること

- ❏ 数式の中に内積をみつけられる
- ❏ コーシー・シュワルツの不等式を利用できる

(1) $(a^2+b^2+c^2)(x^2+y^2+z^2) \geqq (ax+by+cz)^2$ ……①

GR 1 内積をみつけよう

$$\overrightarrow{OA}=\begin{pmatrix}a\\b\\c\end{pmatrix},\ \overrightarrow{OP}=\begin{pmatrix}x\\y\\z\end{pmatrix}$$

> **ちょこっとメモ**
> 本書では，縦ベクトルも用いています。

とする。このとき，

$$|\overrightarrow{OA}|=\sqrt{a^2+b^2+c^2},\ |\overrightarrow{OP}|=\sqrt{x^2+y^2+z^2}$$
$$\overrightarrow{OA}\cdot\overrightarrow{OP}=ax+by+cz$$

である。

ここで，$\overrightarrow{OA}=\vec{0}$ つまり $a=b=c=0$ のとき，①は成り立つ。

同様に $\overrightarrow{OP}=\vec{0}$ のときでも①は成り立つので，以下 $\overrightarrow{OA}\neq\vec{0}$，$\overrightarrow{OP}\neq\vec{0}$ の場合で考える。

$\overrightarrow{OA}$ と $\overrightarrow{OP}$ のなす角を $\theta\,(0^\circ\leqq\theta\leqq180^\circ)$ とすると，

$$\overrightarrow{OA}\cdot\overrightarrow{OP}=|\overrightarrow{OA}||\overrightarrow{OP}|\cos\theta$$
$$(\overrightarrow{OA}\cdot\overrightarrow{OP})^2=|\overrightarrow{OA}|^2|\overrightarrow{OP}|^2\cos^2\theta$$

$-1\leqq\cos\theta\leqq1$ であるから，

$$(\overrightarrow{OA}\cdot\overrightarrow{OP})^2=|\overrightarrow{OA}|^2|\overrightarrow{OP}|^2\cos^2\theta\leqq|\overrightarrow{OA}|^2|\overrightarrow{OP}|^2$$

よって，

$$(ax+by+cz)^2\leqq(a^2+b^2+c^2)(x^2+y^2+z^2)$$

GR 2 等号成立条件に着目しよう

また，等号は $\cos\theta=\pm1$ つまり

$$\overrightarrow{OA}\,/\!/\,\overrightarrow{OP}\ \Leftrightarrow\ \frac{x}{a}=\frac{y}{b}=\frac{z}{c}$$

> **注意**
> $\cos\theta=\pm1$ のとき，
> $\theta=0^\circ,\ 180^\circ$
> このとき，OA∥OB

のとき成り立つ。

(2) GR 3 (1) の不等式を利用しよう

①において

$$a=1,\ b=1,\ c=1$$

とすると,

$$(1^2+1^2+1^2)(x^2+y^2+z^2) \geqq (x+y+z)^2$$

ここで, $x+y+z=1$ であるから,

$$3(x^2+y^2+z^2) \geqq 1$$

$$\therefore \quad x^2+y^2+z^2 \geqq \frac{1}{3}$$

GR 4 最小値になる x, y, z の値が存在することを調べよう

等号は

$$\frac{x}{1}=\frac{y}{1}=\frac{z}{1} \iff x=y=z$$

のとき成り立つから,

$x+y+z=1$ より, $x=y=z=\dfrac{1}{3}$

よって, $x^2+y^2+z^2$ の最小値は $\boldsymbol{\dfrac{1}{3}}$

COLUMN

コーシー・シュワルツの不等式の別証明

(1) では, 以下の有名な証明が知られている。

t を任意の実数として, 次の不等式が成り立つ。

$$(at-x)^2+(bt-y)^2+(ct-z)^2 \geqq 0$$

$$(a^2+b^2+c^2)t^2-2(ax+by+cz)t+x^2+y^2+z^2 \geqq 0$$

(左辺) $=0$ を t の 2 次方程式とみて, 判別式を D とすると,

$$\frac{D}{4} \leqq 0 \iff (ax+by+cz)^2 \leqq (a^2+b^2+c^2)(x^2+y^2+z^2)$$

CHAPTER 6 図形と方程式

19 2円の共有点を通る円の方程式を求める問題

この問題で問われていること

- ❑ 2円の共有点を通る円の方程式を求められる
- ❑ 2円を独立に動く2点間の距離が最大になる場合を考えられる

(1) GR 1 C_2 の中心を求めよう

C_2 は C_1 を折り返してできる円であるから，C_2 の半径は3であり，また点 R$(\sqrt{3}, 0)$ で x 軸に接していることから C_2 の中心は $(\sqrt{3}, 3)$ である。

着眼点

C_2 は C_1 を折り返してできる円であるから，半径は変わらない。後は中心の座標がわかればよい。

以上から C_2 の方程式は

$$(x-\sqrt{3})^2+(y-3)^2=9$$

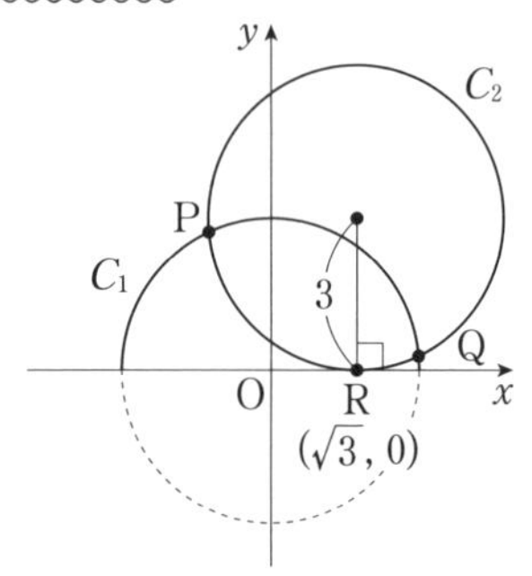

(2) GR 2 C_3 の方程式を k を用いて表そう

C_3 は C_1 と C_2 の共有点である P，Q を通るから，

C_3：$(x^2+y^2-9)+k\{(x-\sqrt{3})^2+(y-3)^2-9\}=0$

とおける。

注意

C_3 は2円の共有点を通る円であるから実数 k を用いてこのように表せる（ただし，C_2 と C_3 は一致しない）。

GR 3 原点を通ることから k の値を求めよう

C_3 は原点を通るので $x=y=0$ を代入して，

$$-9+k\{(-\sqrt{3})^2+(-3)^2-9\}=0$$

$\therefore\ k=3$

したがって，

$$(x^2+y^2-9)+3\{(x-\sqrt{3})^2+(y-3)^2-9\}=0$$

$$x^2+y^2-\frac{3\sqrt{3}}{2}x-\frac{9}{2}y=0$$

$$\left(x-\frac{3\sqrt{3}}{4}\right)^2+\left(y-\frac{9}{4}\right)^2=\frac{27}{4}$$

C_3 の中心の座標は $\left(\frac{3\sqrt{3}}{4},\ \frac{9}{4}\right)$，半径は $\frac{3\sqrt{3}}{2}$

(3)　C_2，C_3 の中心を O_2，O_3 とする。

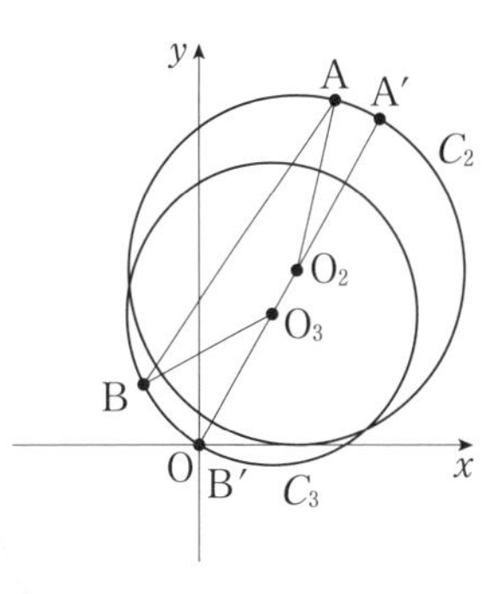

GR 4　2点間の距離が最大になる場合を考えよう

直線 O_2O_3 と C_2，C_3 との交点を A′，B′ とする。

$$AB \leqq AO_2+O_2O_3+BO_3$$
$$=A'O_2+O_2O_3+B'O_3=A'B'$$

が成り立つ。

つまり線分 AB が最大となるのは4点 A，O_2，O_3，B がこの順に一直線上に並ぶときである。

着眼点

図形をデフォルメして最大となるときを考えてみよう。

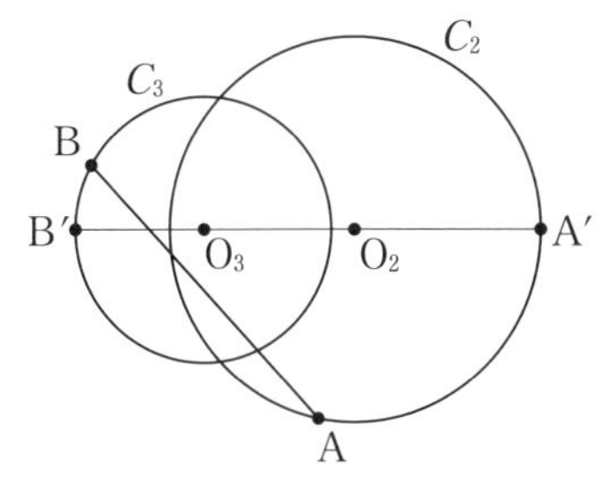

したがって，求める AB の最大値は

$$A'O_2+O_2O_3+B'O_3$$

$$=3+\sqrt{\left(\frac{3\sqrt{3}}{4}-\sqrt{3}\right)^2+\left(\frac{9}{4}-3\right)^2}+\frac{3\sqrt{3}}{2}$$

$$=3+2\sqrt{3}$$

20 軌跡①

この問題で問われていること

□ 実数条件を意識できる

GR 1 x，y の動く範囲を不等式で表そう

点（x，y）は原点を中心とする半径1の円の内部を動くので，

$$x^2+y^2<1 \quad \cdots\cdots①$$

を満たしている。

GR 2 $x+y=X$，$xy=Y$ とおこう

GR 3 解と係数の関係を利用しよう

$x+y=X$，$xy=Y$ とおくと，x，y は t の2次方程式

$$t^2-Xt+Y=0 \quad \cdots\cdots②$$

の2解である。

GR 4 実数条件を忘れないように

x，y は実数であるから，②は実数解をもつことになる。

②の判別式を D とすると，

$$D\geqq 0 \quad \Leftrightarrow \quad X^2-4Y\geqq 0$$

$$\therefore \quad Y\leqq\frac{1}{4}X^2 \quad \cdots\cdots③$$

また，①は

$$(x+y)^2-2xy<1$$

$$X^2-2Y<1$$

$$\therefore \quad Y>\frac{1}{2}X^2-\frac{1}{2} \quad \cdots\cdots④$$

注意

③，④を満たす領域が求める（$X=x+y$，$Y=xy$）が動く範囲である。

変数を x，y におきかえて，求める範囲は次ページの図の斜線部分になる。

ただし，境界線は放物線 $y=\dfrac{x^2}{2}-\dfrac{1}{2}$ を含まず，他は含む。

公式・定理のおさらい

● **$y<f(x)$ が表す領域**

曲線 $y=f(x)$ の下側の領域。
ただし，境界線は含まない。

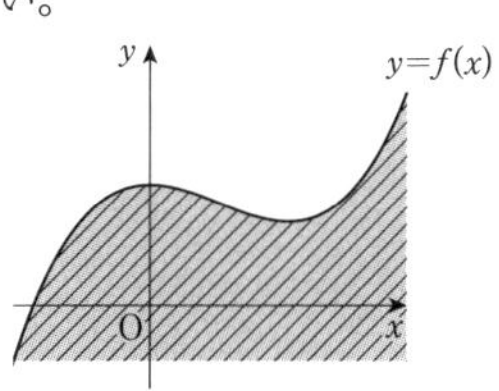

● **$(x-p)^2+(y-q)^2<r^2$ が表す領域。**

中心 $(p,\ q)$，半径 r の円の内側の領域。
ただし，境界線は含まない。

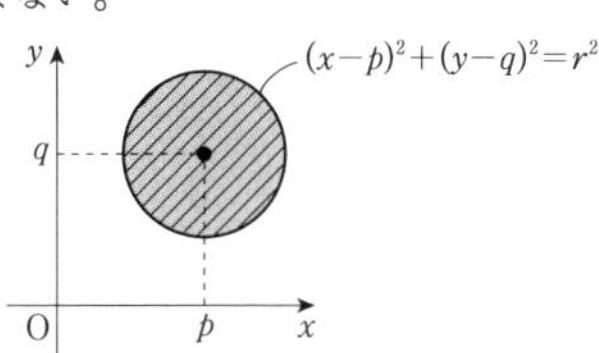

21 軌跡②

この問題で問われていること

☐ 連動して動くタイプの軌跡で条件式をうまく利用できる

(1) GR❶ $\mathrm{P}(s,\ t)$ を実数 k を用いて表そう

点 $\mathrm{Q}(X,\ Y)$ は，O を始点とする半直線 OP 上に存在するので，実数 k（>0）を用いて，

$$\overrightarrow{\mathrm{OP}}=k\overrightarrow{\mathrm{OQ}} \iff \begin{pmatrix} s \\ t \end{pmatrix}=k\begin{pmatrix} X \\ Y \end{pmatrix} \quad \cdots\cdots①$$

と表せる。このとき，

$$\mathrm{OP}=\sqrt{(kX)^2+(kY)^2}=k\sqrt{X^2+Y^2}$$

であり，$\mathrm{OP}\cdot\mathrm{OQ}=1$ であるから，$X^2+Y^2\neq 0$

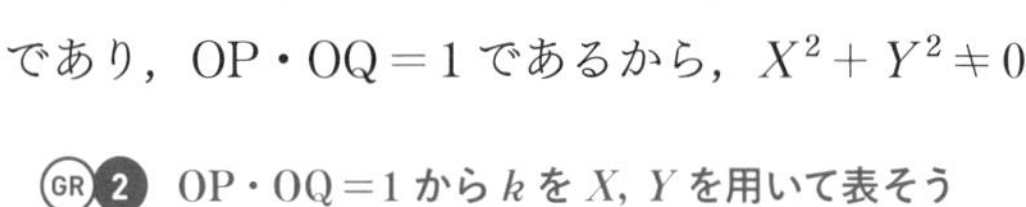

GR❷ $\mathrm{OP}\cdot\mathrm{OQ}=1$ から k を X, Y を用いて表そう

$$k\sqrt{X^2+Y^2}\cdot\sqrt{X^2+Y^2}=1$$

$$\therefore\quad k=\frac{1}{X^2+Y^2}$$

①から，$\begin{cases} s=\dfrac{X}{X^2+Y^2} \\ t=\dfrac{Y}{X^2+Y^2} \end{cases}$ $\cdots\cdots②$

(2) P が円 $(x-1)^2+(y-1)^2=4$ 上を動くとき，

$$(s-1)^2+(t-1)^2=4$$

$$s^2+t^2-2s-2t-2=0$$

GR❸ s，t が満たす関係式を利用しよう

ここに②を代入すると，

$$\frac{X^2}{(X^2+Y^2)^2}+\frac{Y^2}{(X^2+Y^2)^2}-\frac{2X}{X^2+Y^2}-\frac{2Y}{X^2+Y^2}-2=0$$

$$X^2+Y^2-2(X+Y)(X^2+Y^2)-2(X^2+Y^2)^2=0$$

$$(X^2+Y^2)\{2(X^2+Y^2)+2(X+Y)-1\}=0$$

$X^2+Y^2 \neq 0$ であるから，

$$X^2+Y^2+X+Y-\frac{1}{2}=0$$

よって，Q の軌跡は　円 $x^2+y^2+x+y-\frac{1}{2}=0$

変形して，

$$\boldsymbol{\left(x+\frac{1}{2}\right)^2+\left(y+\frac{1}{2}\right)^2=1}$$

Q の軌跡を図示すると，下図のようになる。

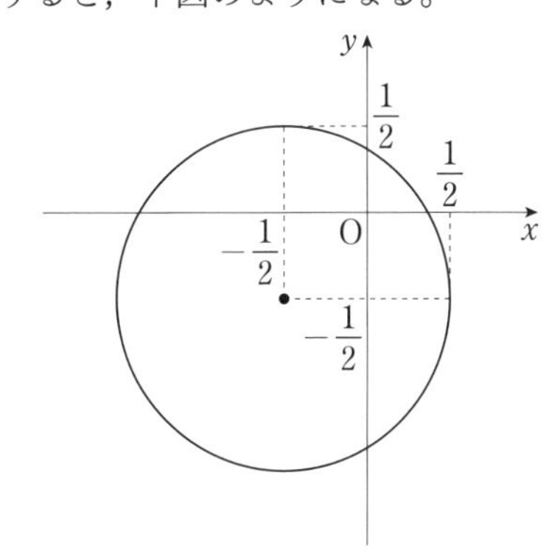

公式・定理のおさらい

●軌跡の解法（計算）

①軌跡を求めたい点を（X，Y）とする。

②与えられた条件を立式する。その際に他の動点を（s，t）など使って表す。

③X，Y のみの式を作る。

④軌跡の限界（曲線のどの部分か）を考える。

③の過程では，式変形を行うときに同値性に気をつけよう。

CHAPTER 7

指数・対数・三角関数

22 おきかえを用いた三角関数の最大・最小

この問題で問われていること

- ❑ 円上の点をパラメーターを用いて表せる
- ❑ 2倍角の公式を利用して角度を 2θ に統一できる

(1) GR 1 **円上の点をパラメーター表示しよう**

点Q $(X,\ Y)$ は $x^2+y^2=1$ 上を動くので，$0 \leqq \theta < 2\pi$ として，

$$X=\cos\theta,\quad Y=\sin\theta$$

とおける。

このとき，

GR 2 **三角関数の合成に着目しよう**

$$2X+3Y=2\cos\theta+3\sin\theta$$
$$=\sqrt{13}\sin(\theta+\alpha)$$

ただし，α は $\cos\alpha=\dfrac{3}{\sqrt{13}}$，$\sin\alpha=\dfrac{2}{\sqrt{13}}$ を満たす。

$0 \leqq \theta < 2\pi$ より，$\alpha \leqq \theta+\alpha < 2\pi+\alpha$ であるから，

$$-\sqrt{13} \leqq \sqrt{13}\sin(\theta+\alpha) \leqq \sqrt{13}$$

$\therefore$ $\boldsymbol{-\sqrt{13} \leqq 2X+3Y \leqq \sqrt{13}}$

> **ちょこっとメモ**
> $2\cos\theta+3\sin\theta$
> $=3\sin\theta+2\cos\theta$
> $=\sqrt{3^2+2^2}\sin(\theta+\alpha)$
> 三角関数の合成→ p.67

> **ちょこっとメモ**
> $-1 \leqq \sin\theta \leqq 1$

(2) GR 3 **角度を 2θ に統一しよう**

$$XY-Y^2+\frac{1}{2}=\cos\theta\sin\theta-\sin^2\theta+\frac{1}{2}$$
$$=\frac{1}{2}\sin 2\theta-\frac{1-\cos 2\theta}{2}+\frac{1}{2}$$
$$=\frac{1}{2}(\sin 2\theta+\cos 2\theta)$$
$$=\frac{1}{2}\cdot\sqrt{2}\sin\left(2\theta+\frac{\pi}{4}\right)$$
$$=\frac{1}{\sqrt{2}}\sin\left(2\theta+\frac{\pi}{4}\right)$$

> **ちょこっとメモ**
> 2倍角の公式→ p.23

> **ちょこっとメモ**
> 三角関数の合成→ p.67

$0 \leqq \theta < 2\pi$ より，$\dfrac{\pi}{4} \leqq 2\theta + \dfrac{\pi}{4} < \dfrac{17}{4}\pi$ であるから，

$$-\frac{1}{\sqrt{2}} \leqq \frac{1}{\sqrt{2}}\sin\left(2\theta + \frac{\pi}{4}\right) \leqq \frac{1}{\sqrt{2}}$$

$\sin\left(2\theta + \dfrac{\pi}{4}\right) = 1$ となるとき最大となるので，

$$2\theta + \frac{\pi}{4} = \frac{\pi}{2},\ \frac{5}{2}\pi$$

$$\therefore\ \ \theta = \frac{\pi}{8},\ \frac{9}{8}\pi$$

GR 4 $\cos\dfrac{\pi}{8}$，$\sin\dfrac{\pi}{8}$ の値を求めよう

$$\cos^2\frac{\pi}{8} = \frac{1 + \cos\frac{\pi}{4}}{2} = \frac{2+\sqrt{2}}{4}$$

$$\sin^2\frac{\pi}{8} = \frac{1 - \cos\frac{\pi}{4}}{2} = \frac{2-\sqrt{2}}{4}$$

ちょこっとメモ

半角の公式→ p.23

であり，$\cos\dfrac{\pi}{8} > 0$，$\sin\dfrac{\pi}{8} > 0$ であるから，

$$\cos\frac{\pi}{8} = \frac{\sqrt{2+\sqrt{2}}}{2},\ \sin\frac{\pi}{8} = \frac{\sqrt{2-\sqrt{2}}}{2}$$

また，$\dfrac{9}{8}\pi = \pi + \dfrac{\pi}{8}$ より，

$$\cos\frac{9}{8}\pi = -\cos\frac{\pi}{8},\ \sin\frac{9}{8}\pi = -\sin\frac{\pi}{8}$$

である。

注意

$\sin(\theta+\pi) = -\sin\theta$
$\cos(\theta+\pi) = -\cos\theta$

以上から最大値は $\dfrac{1}{\sqrt{2}}$ であり，そのときの Q の座標は

$$\left(\pm\frac{\sqrt{2+\sqrt{2}}}{2},\ \pm\frac{\sqrt{2-\sqrt{2}}}{2}\right)\ \text{(複号同順)}$$

(3) GR 5 文字を統一しよう

$$\begin{aligned} 6X^2 - 3X + 4Y^2 &= 6\cos^2\theta - 3\cos\theta + 4\sin^2\theta \\ &= 6\cos^2\theta - 3\cos\theta + 4(1 - \cos^2\theta) \end{aligned}$$

$$= 2\cos^2\theta - 3\cos\theta + 4$$
$$= 2X^2 - 3X + 4$$
$$= 2\left(X - \frac{3}{4}\right)^2 + \frac{23}{8}$$

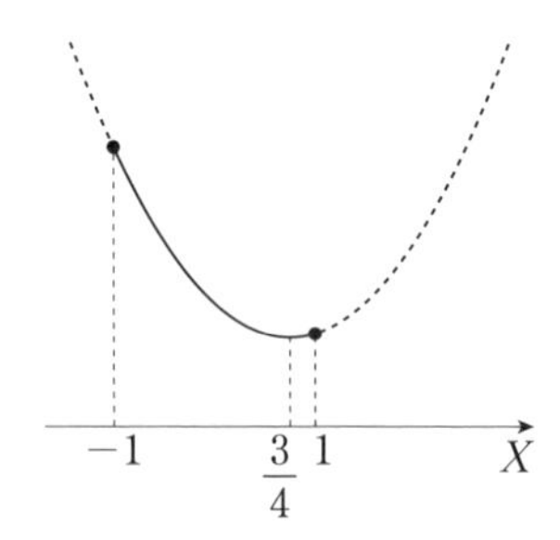

GR 6 定義域に注意しよう

$-1 \leqq X \leqq 1$ であるから，$X = \dfrac{3}{4}$ で最小値 $\dfrac{23}{8}$ をとる。

このとき，$X^2 + Y^2 = 1$ より，

$$Y = \pm\sqrt{1 - \left(\frac{3}{4}\right)^2} = \pm\frac{\sqrt{7}}{4}$$

以上から，最小値 $\dfrac{23}{8}$，そのときのQの座標は $\left(\dfrac{3}{4}, \pm\dfrac{\sqrt{7}}{4}\right)$

［別解］(1) を問題 **18** の考え方を利用して解いてみよう。

$\overrightarrow{\mathrm{OQ}} = \begin{pmatrix} X \\ Y \end{pmatrix}$，$\overrightarrow{\mathrm{OA}} = \begin{pmatrix} 2 \\ 3 \end{pmatrix}$ とすると，

$$2X + 3Y = \overrightarrow{\mathrm{OQ}} \cdot \overrightarrow{\mathrm{OA}}$$

となり内積とみることができる。

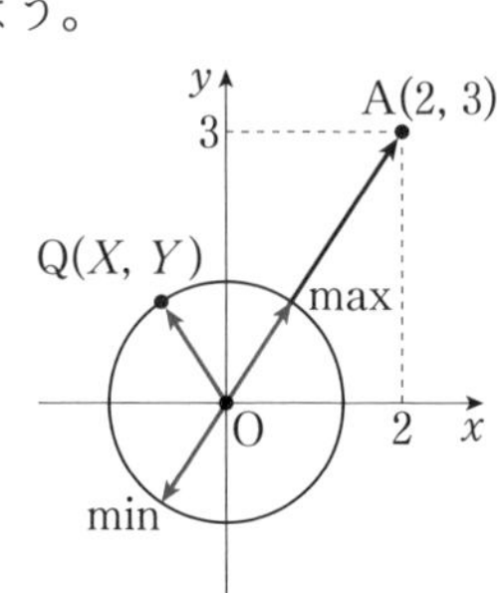

$\overrightarrow{\mathrm{OQ}}$ が $\overrightarrow{\mathrm{OA}}$ と同じ向きのとき最大，$\overrightarrow{\mathrm{OA}}$ と反対向きのとき最小となる。

すなわち，

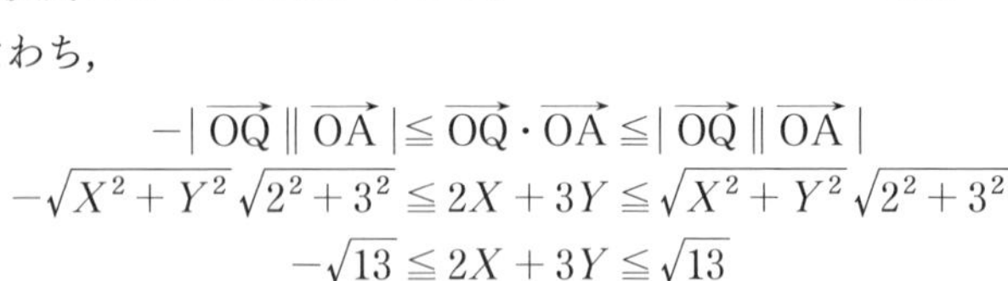

$$-|\overrightarrow{\mathrm{OQ}}||\overrightarrow{\mathrm{OA}}| \leqq \overrightarrow{\mathrm{OQ}} \cdot \overrightarrow{\mathrm{OA}} \leqq |\overrightarrow{\mathrm{OQ}}||\overrightarrow{\mathrm{OA}}|$$
$$-\sqrt{X^2 + Y^2}\sqrt{2^2 + 3^2} \leqq 2X + 3Y \leqq \sqrt{X^2 + Y^2}\sqrt{2^2 + 3^2}$$
$$-\sqrt{13} \leqq 2X + 3Y \leqq \sqrt{13}$$

公式・定理のおさらい

●三角関数の合成

三角関数の合成は，加法定理を利用している。

例えば，(1) では，次のように式変形を行っている。

$$3\sin\theta + 2\cos\theta = \sqrt{13}\left(\sin\theta \cdot \boxed{\frac{3}{\sqrt{13}}} + \cos\theta \cdot \boxed{\frac{2}{\sqrt{13}}}\right)$$

$$= \sqrt{13}\,(\sin\theta \cdot \cos\alpha + \cos\theta \cdot \sin\alpha)$$

$$= \sqrt{13}\,\sin(\theta + \alpha)$$

また，次のように $\cos(\theta+\alpha)$ の形にも変形できる。

$$2\cos\theta + 3\sin\theta = \sqrt{13}\left(\cos\theta \cdot \boxed{\frac{2}{\sqrt{13}}} + \sin\theta \cdot \boxed{\frac{3}{\sqrt{13}}}\right)$$

$$= \sqrt{13}\,(\cos\theta \cdot \cos\alpha + \sin\theta \cdot \sin\alpha)$$

$$= \sqrt{13}\,\cos(\theta - \alpha)$$

23 3次方程式と三角関数

この問題で問われていること

- □ 3倍角の公式が導出できる
- □ 解と係数の関係を利用できる

(1) GR 1 $3\theta=2\theta+\theta$ とみて加法定理を利用しよう

$$\sin 3\theta=\sin(2\theta+\theta)=\sin 2\theta\cos\theta+\cos 2\theta\sin\theta$$

ちょこっとメモ
加法定理→ p.23

GR 2 $\sin\theta$ に統一しよう

$$=2\sin\theta\cos\theta\cos\theta+(1-2\sin^2\theta)\sin\theta$$
$$=2\sin\theta(1-\sin^2\theta)+\sin\theta-2\sin^3\theta$$
$$=3\sin\theta-4\sin^3\theta$$

ちょこっとメモ
2倍角の公式→ p.23

よって，$\sin 3\theta=3\sin\theta-4\sin^3\theta$

(2) GR 3 代入して0になることを示そう

$f(x)=4x^3-3x+\dfrac{\sqrt{3}}{2}$ とする。このとき，

$$f(\sin\theta)=4\sin^3\theta-3\sin\theta+\frac{\sqrt{3}}{2}$$

GR 4 (1)を利用しよう

(1)より，$4\sin^3\theta-3\sin\theta=-\sin 3\theta$ であるから，

$$f(\sin\theta)=-\sin 3\theta+\frac{\sqrt{3}}{2}$$

$\theta=\dfrac{\pi}{9},\ \dfrac{2\pi}{9},\ -\dfrac{4\pi}{9}$ として，

$$f\left(\sin\frac{\pi}{9}\right)=-\sin\left(3\cdot\frac{\pi}{9}\right)+\frac{\sqrt{3}}{2}=-\sin\frac{\pi}{3}+\frac{\sqrt{3}}{2}=-\frac{\sqrt{3}}{2}+\frac{\sqrt{3}}{2}=0$$

$$f\left(\sin\frac{2\pi}{9}\right)=-\sin\left(3\cdot\frac{2\pi}{9}\right)+\frac{\sqrt{3}}{2}=-\sin\frac{2\pi}{3}+\frac{\sqrt{3}}{2}=-\frac{\sqrt{3}}{2}+\frac{\sqrt{3}}{2}=0$$

$$f\left(\sin\left(-\frac{4\pi}{9}\right)\right)=-\sin\left\{3\cdot\left(-\frac{4\pi}{9}\right)\right\}+\frac{\sqrt{3}}{2}=-\sin\left(-\frac{4\pi}{3}\right)+\frac{\sqrt{3}}{2}$$

$$=\sin\frac{4\pi}{3}+\frac{\sqrt{3}}{2}=-\frac{\sqrt{3}}{2}+\frac{\sqrt{3}}{2}=0$$

よって，$x=\sin\frac{\pi}{9}$，$\sin\frac{2\pi}{9}$，$\sin\left(-\frac{4\pi}{9}\right)$ はいずれも方程式

$$4x^3-3x+\frac{\sqrt{3}}{2}=0$$

の解である。

(3) GR 5 **解と係数の関係を利用しよう**

方程式 $4x^3-3x+\frac{\sqrt{3}}{2}=0$ の解が $x=\sin\frac{\pi}{9}$，$\sin\frac{2\pi}{9}$，$\sin\left(-\frac{4\pi}{9}\right)$

であるから，解と係数の関係から，

$$\sin\frac{\pi}{9}\sin\frac{2\pi}{9}\sin\left(-\frac{4\pi}{9}\right)=-\frac{\sqrt{3}}{8}$$

$$-\sin\frac{\pi}{9}\sin\frac{2\pi}{9}\sin\frac{4\pi}{9}=-\frac{\sqrt{3}}{8}$$

$$\therefore\ \sin\frac{\pi}{9}\sin\frac{2\pi}{9}\sin\frac{4\pi}{9}=\frac{\sqrt{3}}{8}$$

注意

3次方程式

$ax^3+bx^2+cx+d=0$

の解を α, β, γ とすると，

$\alpha+\beta+\gamma=-\frac{b}{a}$

$\alpha\beta+\beta\gamma+\gamma\alpha=\frac{c}{a}$

$\alpha\beta\gamma=-\frac{d}{a}$

(4) GR 6 $\frac{11\pi}{18}=\frac{\pi}{2}+\frac{\pi}{9}$ **を利用しよう**

$$\cos\frac{\pi}{18}=\cos\left(\frac{\pi}{2}+\left(-\frac{4\pi}{9}\right)\right)=-\sin\left(-\frac{4\pi}{9}\right)$$

$$\cos\frac{11\pi}{18}=\cos\left(\frac{\pi}{2}+\frac{\pi}{9}\right)=-\sin\frac{\pi}{9}$$

$$\cos\frac{13\pi}{18}=\cos\left(\frac{\pi}{2}+\frac{2\pi}{9}\right)=-\sin\frac{2\pi}{9}$$

注意

$\cos\left(\frac{\pi}{2}+\theta\right)=-\sin\theta$

であることから，

$$\cos\frac{\pi}{18}+\cos\frac{11\pi}{18}+\cos\frac{13\pi}{18}=-\left\{\sin\frac{\pi}{9}+\sin\frac{2\pi}{9}+\sin\left(-\frac{4\pi}{9}\right)\right\}$$

(2) と同様に解と係数の関係から，

$$\sin\frac{\pi}{9}+\sin\frac{2\pi}{9}+\sin\left(-\frac{4\pi}{9}\right)=-\frac{0}{4}=0$$

よって，$\cos\frac{\pi}{18}+\cos\frac{11\pi}{18}+\cos\frac{13\pi}{18}=0$

24 積和の公式

この問題で問われていること

❑ 積和の公式を利用できる

(1) GR 1 積和の公式を利用しよう

$$\sin\frac{A}{2}\sin\frac{B}{2}=-\frac{1}{2}\left(\cos\frac{A+B}{2}-\cos\frac{A-B}{2}\right)$$

であり，A，B，C は三角形の内角であるから，

$$A+B+C=\pi \qquad \therefore\ A+B=\pi-C$$

よって，$\cos\dfrac{A+B}{2}=\cos\left(\dfrac{\pi}{2}-\dfrac{C}{2}\right)=\sin\dfrac{C}{2}$

ちょこっとメモ

積和の公式→ p.23

注意

$\cos\left(\dfrac{\pi}{2}-\theta\right)=\sin\theta$

GR 2 不等式 $X \geqq Y$ の示し方

$$\frac{1}{2}\left(1-\sin\frac{C}{2}\right)-\sin\frac{A}{2}\sin\frac{B}{2}$$

$$=\frac{1}{2}\left(1-\sin\frac{C}{2}\right)+\frac{1}{2}\left(\sin\frac{C}{2}-\cos\frac{A-B}{2}\right)$$

$$=\frac{1}{2}\left(1-\cos\frac{A-B}{2}\right)\geqq 0$$

以上から，$\sin\dfrac{A}{2}\sin\dfrac{B}{2}\leqq\dfrac{1}{2}\left(1-\sin\dfrac{C}{2}\right)$

注意

$\cos\dfrac{A-B}{2}\leqq 1$

(2) GR 3 $\sin\dfrac{C}{2}$ に統一しよう

$0^\circ < C < 180^\circ$ より，$\sin\dfrac{C}{2}>0$

(1) から，$\sin\dfrac{A}{2}\sin\dfrac{B}{2}\sin\dfrac{C}{2}\leqq\dfrac{1}{2}\left(1-\sin\dfrac{C}{2}\right)\sin\dfrac{C}{2}$

$\sin\dfrac{C}{2}=x$ とおくと，

$$\frac{1}{2}\left(1-\sin\frac{C}{2}\right)\sin\frac{C}{2}=-\frac{1}{2}x^2+\frac{1}{2}x=-\frac{1}{2}\left(x-\frac{1}{2}\right)^2+\frac{1}{8}\leqq\frac{1}{8}$$

よって，$\sin\dfrac{A}{2}\sin\dfrac{B}{2}\sin\dfrac{C}{2} \leqq \dfrac{1}{8}$

(3) $\sin A > 0$，$\sin B > 0$，$\sin C > 0$ であるから，

$\sin A + \sin B + \sin C \geqq 4\sin A\sin B\sin C > 0$

$\sin A + \sin B + \sin C > 0$ であるから，

$$\frac{\sin A\sin B\sin C}{\sin A + \sin B + \sin C} \leqq \frac{1}{4} \quad \cdots\cdots ①$$

三角形の3辺の長さを a，b，c とする。

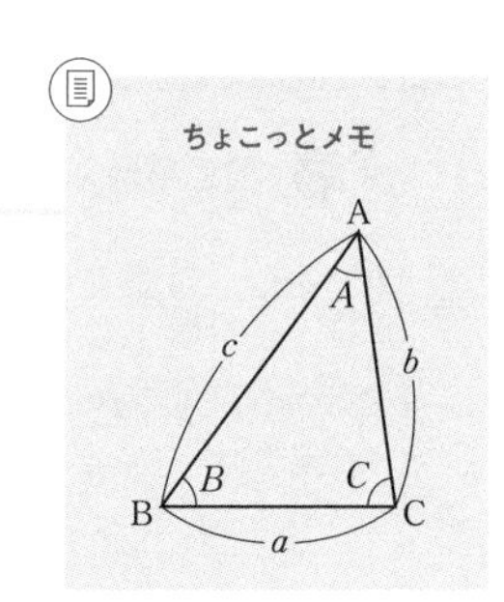

GR 4 外接円の半径→正弦定理の利用

正弦定理より，

$$2R = \frac{a}{\sin A} = \frac{b}{\sin B} = \frac{c}{\sin C}$$

$\therefore \quad a = 2R\sin A$，$b = 2R\sin B$，$c = 2R\sin C$

このとき，$a + b + c = 2R(\sin A + \sin B + \sin C)$ である。

GR 5 内接円の半径を利用しよう

内接円の半径が r であることから，三角形の面積を S とすると，

$$S = \frac{r}{2}(a + b + c) \quad \Leftrightarrow \quad S = Rr(\sin A + \sin B + \sin C) \quad \cdots\cdots ②$$

ここで，

ちょこっとメモ

三角形の面積→ p.95

$$S = \frac{1}{2}bc\sin A = \frac{1}{2}\cdot 2R\sin B\cdot 2R\sin C\cdot\sin A$$

$$= 2R^2\sin A\sin B\sin C$$

②から，

$$2R^2\sin A\sin B\sin C = Rr(\sin A + \sin B + \sin C)$$

$$\therefore \quad 2R\cdot\frac{\sin A\sin B\sin C}{\sin A + \sin B + \sin C} = r$$

①から，

$$2R\cdot\frac{\sin A\sin B\sin C}{\sin A + \sin B + \sin C} \leqq 2R\cdot\frac{1}{4} = \frac{1}{2}R$$

したがって，$r \leqq \dfrac{1}{2}R$

よって，$R \geqq 2r$

25 指数関数の最大・最小

この問題で問われていること

- □ 相加平均・相乗平均の不等式を用いて t の範囲を求められる
- □ $3^x+3^{-x}=2a$ とおきかえて y の最小値を考えられる

(1) GR 1 相加平均・相乗平均の不等式を利用しよう

$3^x>0$，$\dfrac{1}{3^x}>0$ であるから，相加平均・相乗平均の不等式より，

$$t=3^x+\frac{1}{3^x}\geqq 2\sqrt{3^x\cdot\frac{1}{3^x}}=2$$

$\therefore$ $t\geqq 2$

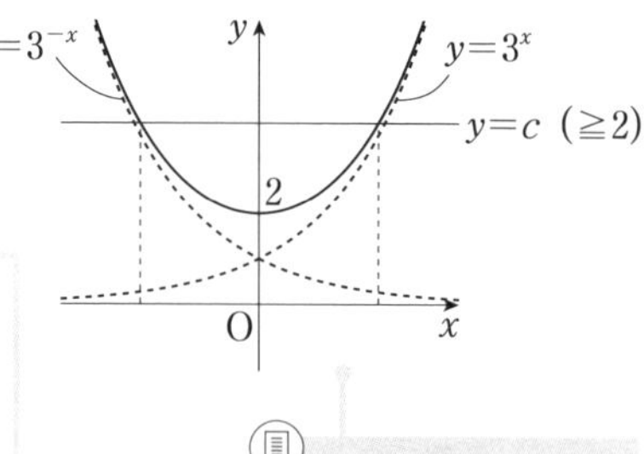

ちょこっとメモ

$y=3^x+3^{-x}$ のグラフは上の実線のようになる

グラフから，$y=c\ (\geqq 2)$ に対して必ず x が存在する。

ちょこっとメモ

相加平均・相乗平均の不等式

$a>0$，$b>0$ に対して，

$\dfrac{a+b}{2}\geqq\sqrt{ab}$

(等号は $a=b$ のとき成立)

(2) GR 2 t^2 を計算してみよう

$$t^2=\left(3^x+\frac{1}{3^x}\right)^2=9^x+2+\frac{1}{9^x}$$

$$\therefore\quad 9^x+\frac{1}{9^x}=t^2-2$$

よって，y を t の関数で表すと，

$$y=(t^2-2)-4at=t^2-4at-2$$

(3) (1)，(2) から，

$$y=t^2-4at-2=(t-2a)^2-4a^2-2$$

$t\geqq 2$ における y の最小値を考える。

GR 3 軸の位置で場合わけしよう

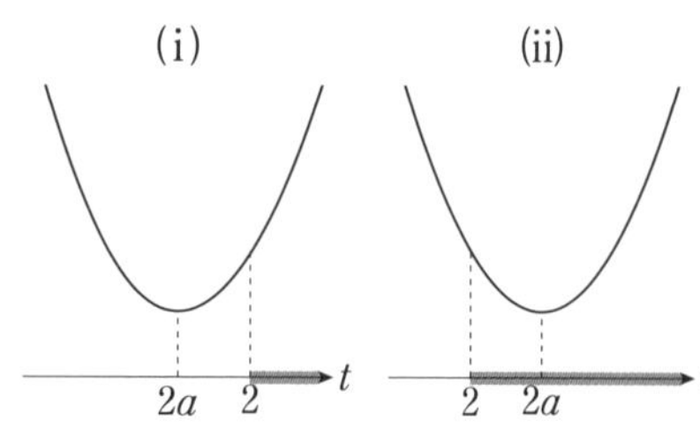

(ⅰ) $2a \leqq 2$ すなわち $a \leqq 1$ のとき

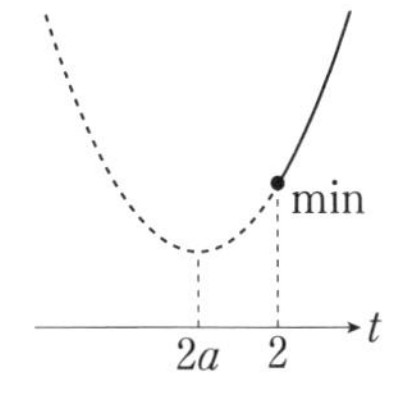

このとき，y は $t=2$ で最小値をとる。

$t=2$ のとき，

$$y=4-8a-2=2-8a$$

であり，そのときの x の値は

$$3^x+\frac{1}{3^x}=2$$

$$(3^x)^2-2\cdot 3^x+1=0$$

$$(3^x-1)^2=0$$

$$3^x=1$$

$$\therefore \quad x=0$$

(ⅱ) $2a \geqq 2$ すなわち $a \geqq 1$ のとき

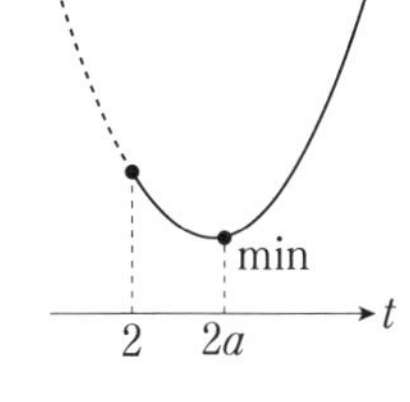

このとき，y は $t=2a$ で最小値をとる。

$t=2a$ のとき，

$$y=-4a^2-2$$

であり，そのときの x の値は

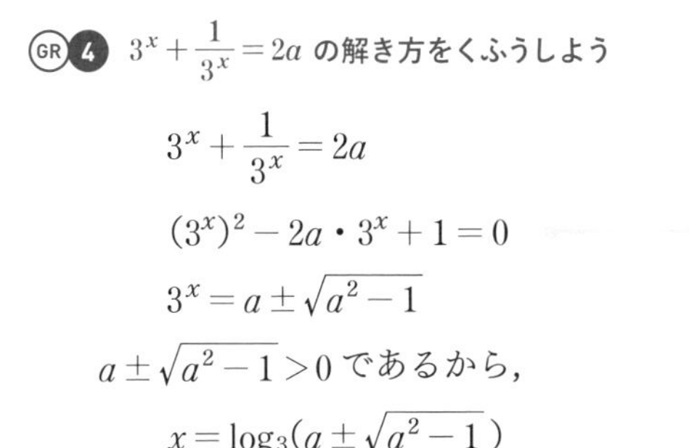

GR 4 $3^x+\frac{1}{3^x}=2a$ の解き方をくふうしよう

$$3^x+\frac{1}{3^x}=2a$$

$$(3^x)^2-2a\cdot 3^x+1=0$$

$$3^x=a\pm\sqrt{a^2-1}$$

$a\pm\sqrt{a^2-1}>0$ であるから，

$$x=\log_3(a\pm\sqrt{a^2-1})$$

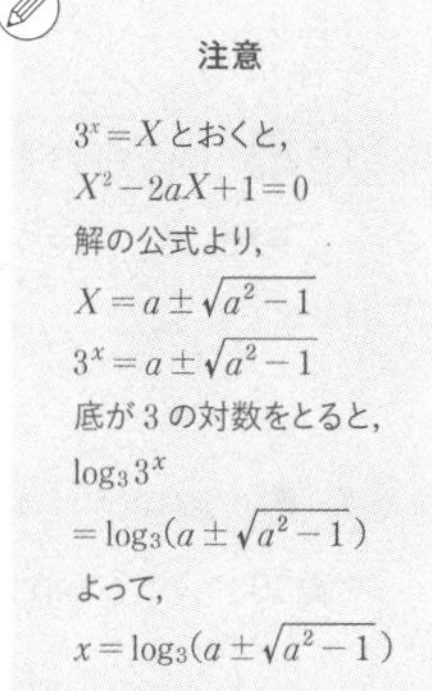

注意

$3^x=X$ とおくと，

$X^2-2aX+1=0$

解の公式より，

$X=a\pm\sqrt{a^2-1}$

$3^x=a\pm\sqrt{a^2-1}$

底が 3 の対数をとると，

$\log_3 3^x$

$=\log_3(a\pm\sqrt{a^2-1})$

よって，

$x=\log_3(a\pm\sqrt{a^2-1})$

以上(ⅰ)，(ⅱ)より関数 y は

$$\begin{cases} a \leqq 1 \quad のとき，x=0 で最小値 2-8a \\ a \geqq 1 \quad のとき，x=\log_3(a\pm\sqrt{a^2-1}) で最小値 -4a^2-2 \end{cases}$$

をとる。

26 対数と領域

この問題で問われていること

- ☐ 底，真数の条件を確認できる
- ☐ 底を $0<a<1$，$a>1$ にわけて不等式を解くことができる

$$\log_x y+2\log_y x<3 \quad \cdots\cdots(*)$$

GR 1 底，真数の条件を求めよう

底，真数の条件から，

$$\begin{cases} x \neq 1 \quad かつ \quad x>0 \\ y \neq 1 \quad かつ \quad y>0 \end{cases} \quad \cdots\cdots①$$

GR 2 底を統一しよう

①のもとで，

$$\log_y x=\frac{\log_x x}{\log_x y}=\frac{1}{\log_x y}$$

である。

ちょこっとメモ
底の変換公式→ p.75

GR 3 $\log_x y=t$ とおきかえよう

このとき，$t=\log_x y$ とすると(＊)は

$$t+\frac{2}{t}<3$$

GR 4 両辺に t^2 をかけよう

両辺に t^2 (>0) をかけると，

$$t^3+2t<3t^2$$

$$t(t-1)(t-2)<0$$

GR 5 グラフを用いよう

$$t<0, \quad 1<t<2$$

$$\log_x y<0 \ または \ 1<\log_x y<2$$

$$\therefore \quad \log_x y<\log_x 1 \ または \ \log_x x<\log_x y<\log_x x^2 \quad \cdots\cdots②$$

ちょこっとメモ
対数の性質→ p.77

GR 6 $0<x<1$, $x>1$ で場合わけをしよう

$0<x<1$ のとき②は

$y>1$ または $x>y>x^2$ ……③

$x>1$ のとき②は

$y<1$ または $x<y<x^2$ ……④

注意

対数関数のグラフは，p.77 参照。

①，③，④より，求める $(x,\ y)$ の範囲は下図の斜線部分。ただし，境界は含まない。

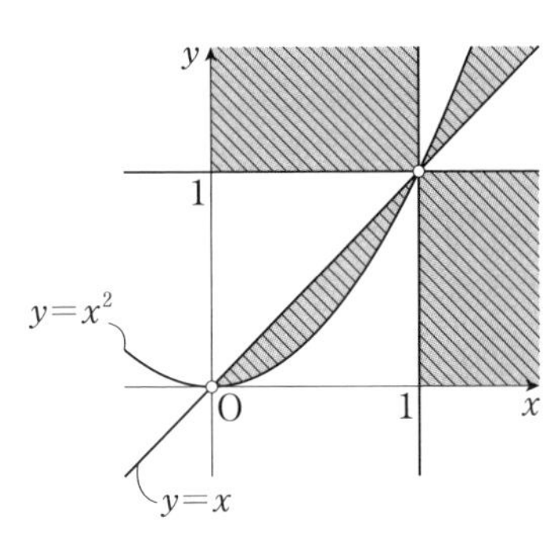

公式・定理のおさらい

●底の変換公式

$a,\ b,\ c$ は正の数で，$a,\ c$ は1でないとする。

このとき，

$$\log_a b=\frac{\log_c b}{\log_c a}$$

が成り立つ。

［**証明**］ $a^{\log_a b}=b$ が成り立つ。

このとき，両辺で c を底とする対数をとると，

$$\log_c(a^{\log_a b})=\log_c b$$

$$(\log_a b)(\log_c a)=\log_c b$$

$$\log_a b=\frac{\log_c b}{\log_c a}$$

27 最高位の数字

この問題で問われていること

□ 最高位の数字，桁数は不等式を用いて評価できる

(1) GR 1 7^n を不等式で評価しよう

GR 2 桁数，最高位の数字に着目しよう

7^n が 60 桁で最高位の数字が 1 であるから，

$$1 \cdot 10^{59} \leqq 7^n < 2 \cdot 10^{59}$$

各辺の常用対数をとると，

$$\log_{10}10^{59} \leqq \log_{10}7^n < \log_{10}(2 \cdot 10^{59})$$

$$59 \leqq n\log_{10}7 < \log_{10}2 + 59$$

$$59 \leqq n \cdot 0.8451 < 0.3010 + 59$$

$$\frac{59}{0.8451} \leqq n < \frac{59.3010}{0.8451}$$

$$69.8\cdots \leqq n < 70.1\cdots$$

n は自然数であるから，

$$n = \underset{\sim}{70}$$

(2) GR 3 最高位の次の位の数字に着目しよう

$$\log_{10}7^{70} = 70 \cdot 0.8451 = 59.157$$

であるから，

$$7^{70} = 10^{59.157} = 10^{1.157} \cdot 10^{58}$$

ここで，

$$\log_{10}14 = \log_{10}2 + \log_{10}7 = 0.3010 + 0.8451 = 1.1461$$

$$\log_{10}15 = \log_{10}3 + \log_{10}5 = \log_{10}3 + (\log_{10}10 - \log_{10}2)$$

$$= 0.4771 + (1 - 0.3010)$$

$$= 1.1761$$

よって，

$$\log_{10}14 < 1.157 < \log_{10}15$$

注意

$$\log_{10}15 = \log_{10}(3 \times 5)$$
$$= \log_{10}3 + \log_{10}5$$
$$= \log_{10}3 + \log_{10}\left(\frac{10}{2}\right)$$
$$= \log_{10}3 + \log_{10}10 - \log_{10}2$$

$\therefore \quad 14 < 10^{1.157} < 15$

したがって，

$$14 \cdot 10^{58} < 7^{70} < 15 \cdot 10^{58}$$

となるから，7^{70} の最高位の次の位の数字は 4

公式・定理のおさらい

●対数の性質

$a>0$ かつ $a \neq 1$，$x>0$，$y>0$ として，

① $\log_a 1 = 0$，$\log_a a = 1$

② $\log_a x + \log_a y = \log_a xy$

③ $\log_a x^r = r\log_a x$ （r は実数）

●対数関数のグラフ

$y=\log_a x$ のグラフは，次のようになる。

・$a>1$ のとき

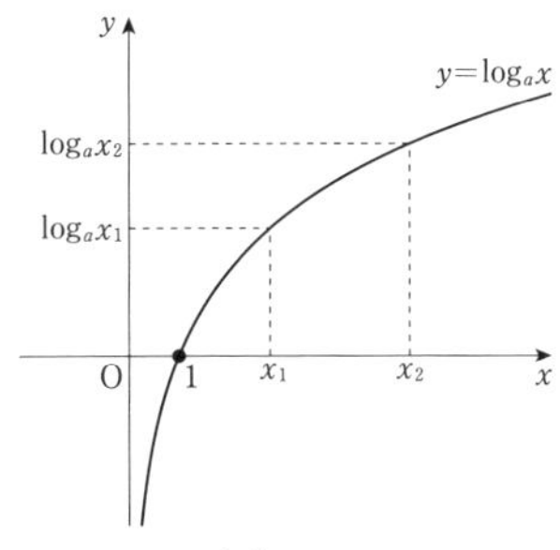

$x_1 < x_2$

$\Leftrightarrow \quad \log_a x_1 < \log_a x_2$

・$0<a<1$ のとき

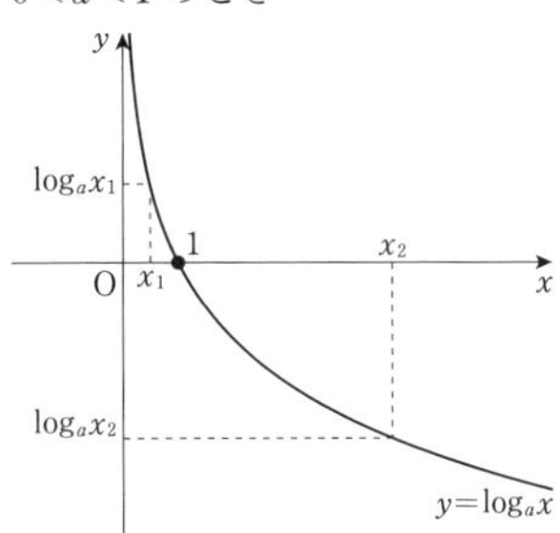

$x_1 < x_2$

$\Leftrightarrow \quad \log_a x_1 > \log_a x_2$

CHAPTER 8 微分・積分法

28 3次方程式の解

この問題で問われていること

- ☐ 解と係数の関係を利用できる
- ☐ 方程式の解をグラフの共有点とみることができる

(1) $x^3+ax^2+bx+c=0$ の解が α，β，γ であるから，

GR 1 因数分解しよう

$$x^3+ax^2+bx+c=(x-\alpha)(x-\beta)(x-\gamma)$$

が成り立つ。

$$x^3+ax^2+bx+c=x^3-(\alpha+\beta+\gamma)x^2+(\alpha\beta+\beta\gamma+\gamma\alpha)x-\alpha\beta\gamma$$

両辺の係数を比較して，

$$\boldsymbol{a=-(\alpha+\beta+\gamma),\ b=\alpha\beta+\beta\gamma+\gamma\alpha,\ c=-\alpha\beta\gamma}$$

(2) **GR 2 3辺の長さを α，β，γ として条件を立式しよう**

直方体の3辺の長さを α，β，γ とする。

条件 (i) から，

$$\alpha+\beta+\gamma=9$$

条件 (ii) から，

$$2(\alpha\beta+\beta\gamma+\gamma\alpha)=48$$

$$\alpha\beta+\beta\gamma+\gamma\alpha=24$$

直方体の体積を V とすると，

$$V=\alpha\beta\gamma$$

(1) から α，β，γ は方程式

$$x^3-9x^2+24x-V=0$$

の解である。

よって，

$$x^3-9x^2+24x=V \quad \cdots\cdots①$$

が正の解を3つもつような V の範囲を考えればよい。

GR 4 方程式の解→グラフの共有点に着目しよう

$f(x)=x^3-9x^2+24x$ とすると，

$$f'(x)=3x^2-18x+24=3(x-2)(x-4)$$

$f(x)$ の増減は次のようになる。

x	$\cdots$	2	$\cdots$	4	$\cdots$
$f'(x)$	$+$	0	$-$	0	$+$
$f(x)$	↗	20	↘	16	↗

＋　＋　2　4　x　－

$f'(x)$ の符号

$y=f(x)$ のグラフは下図のようになる。

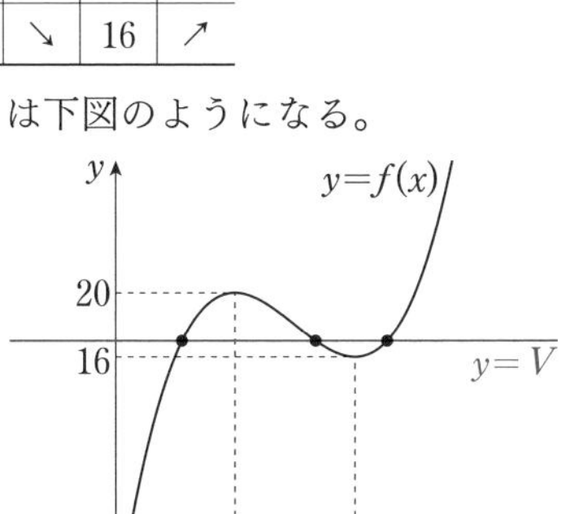

①の解は $y=f(x)$ のグラフと直線 $y=V$ の共有点の x 座標である。
グラフより，①が3つの正の解をもつような V の最大値は 20。

注意

この場合は，1つの正の重解と，それとは異なる1つの正の解をもつ。

29 3次不等式

この問題で問われていること

- ❑ 3次不等式の成立を考える
- ❑ 必要条件を考える

GR 1 必要条件を考えよう

$0 \leqq x \leqq 1$ において $f(x) \geqq 0$ が成り立つには

$$f(0) \geqq 0 \quad \text{かつ} \quad f(1) \geqq 0$$

が必要である。

$$f(0) = a \geqq 0 \quad \text{かつ} \quad f(1) = 1 - 2a \geqq 0$$

であるから,

$$0 \leqq a \leqq \frac{1}{2}$$

ちょこっとメモ
必要条件である。

以下,この条件の下で考える。

GR 2 $0 \leqq x \leqq 1$ における最小値を求めよう

$$f'(x) = 3x^2 - 3a = 3(x + \sqrt{a})(x - \sqrt{a})$$

GR 3 $a = 0$, $a > 0$ で場合わけしよう

(i) $a = 0$ のとき

$$f'(x) = 3x^2 \geqq 0$$

ゆえに,$0 \leqq x \leqq 1$ において $f(x)$ は単調に増加する。

したがって,

$$f(x) \geqq f(0) = 0$$

注意
$a = 0$ のとき,
$f(x) = x^3 \geqq 0$

であるから,$0 \leqq x \leqq 1$ において $f(x) \geqq 0$ が成り立つ。

(ii) $0 < a \leqq \frac{1}{2}$ のとき

GR 4 $\sqrt{a}$ と1の大小を比較しよう

$\sqrt{a} \leqq \sqrt{\frac{1}{2}} < 1$ であるから,$f(x)$ の増減は次のようになる。

x	0	$\cdots$	$\sqrt{a}$	$\cdots$	1
$f'(x)$		$-$	0	$+$	
$f(x)$		↘		↗	

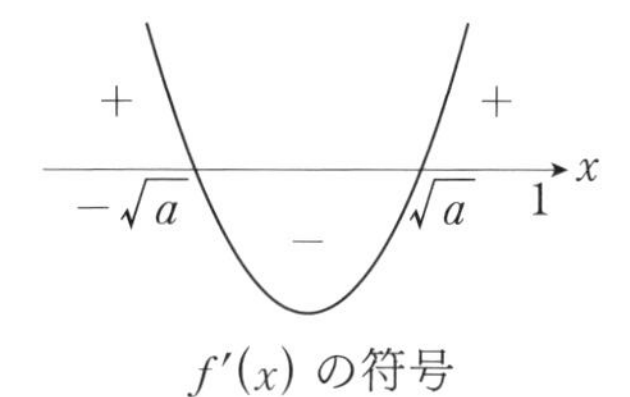

$f'(x)$ の符号

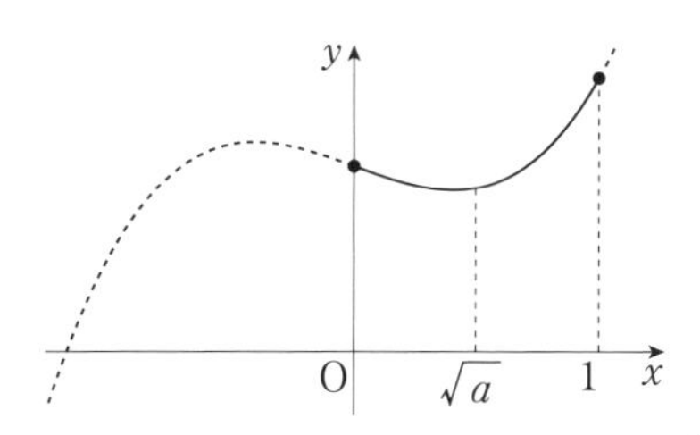

$f(x)$ は $x=\sqrt{a}$ で最小となる。

$$f(\sqrt{a})=a\sqrt{a}-3a\sqrt{a}+a=a(1-2\sqrt{a})$$

$0 \leqq x \leqq 1$ において $f(x) \geqq 0$ となる条件は

$$a(1-2\sqrt{a}) \geqq 0$$

$a>0$ であるから，

$$1-2\sqrt{a} \geqq 0$$

$$\sqrt{a} \leqq \frac{1}{2}$$

$$\therefore \quad 0<a \leqq \frac{1}{4}$$

（i），（ii）より，求める a の範囲は

$$\boldsymbol{0 \leqq a \leqq \frac{1}{4}}$$

注意

上の増減表より，$f(x)$ は $x=\sqrt{a}$ で極小値をとる。

注意

極小値 $\geqq 0$

ちょこっとメモ

必要十分条件である。

30 積分方程式

この問題で問われていること

- ❏ 積分区間に変数を含まない定積分は文字定数でおくことを理解している
- ❏ 積分区間に変数を含む定積分は微分することを理解している

$$\int_0^x f(y)dy+\int_0^1 (x+y)^2 f(y)dy=x^2+C$$

から，

GR 1 どの文字の関数かを考えよう

$$\int_0^x f(y)dy+x^2\int_0^1 f(y)dy+2x\int_0^1 yf(y)dy+\int_0^1 y^2 f(y)dy=x^2+C$$

GR 2 $\int_a^a f(x)dx=0$ を利用しよう

$x=0$ を代入すると，

$$\int_0^1 y^2 f(y)dy=C$$

注意

これより，上式の $\int_0^1 y^2 f(y)dy$ と C が消える。

よって，

$$\int_0^x f(y)dy+x^2\int_0^1 f(y)dy+2x\int_0^1 yf(y)dy=x^2 \quad \cdots\cdots①$$

GR 3 積分区間に変数がない→定数とみよう

ここで，定数 A，B を用いて，

$$A=\int_0^1 f(y)dy,\ \ B=\int_0^1 yf(y)dy$$

とおくと，①から，

$$\int_0^x f(y)dy=(1-A)x^2-2Bx$$

注意

$\int_0^x f(y)dy+Ax^2+2Bx$
$=x^2$
$\int_0^x f(y)dy$
$=(1-A)x^2-2Bx$

GR 4 積分区間に変数がある→微分しよう

両辺を x で微分すると，

$$f(x)=2(1-A)x-2B$$

このとき，

$$A=\int_0^1 f(y)dy$$

$$=\int_0^1 \{2(1-A)y-2B\}dy$$

$$=\Big[(1-A)y^2-2By\Big]_0^1$$

$$=1-A-2B$$

よって，

$$2A+2B=1 \quad \cdots\cdots ②$$

$$B=\int_0^1 yf(y)dy$$

$$=\int_0^1 \{2(1-A)y^2-2By\}dy$$

$$=\left[\frac{2}{3}(1-A)y^3-By^2\right]_0^1$$

$$=\frac{2}{3}(1-A)-B$$

よって，

$$\frac{2}{3}A+2B=\frac{2}{3} \quad \cdots\cdots ③$$

②，③から，$A=\frac{1}{4}$，$B=\frac{1}{4}$

したがって，

$$f(x)=\underline{\boldsymbol{\frac{3}{2}x-\frac{1}{2}}}$$

また，

$$C=\int_0^1 y^2f(y)dy=\int_0^1 y^2\left(\frac{3}{2}y-\frac{1}{2}\right)dy$$

$$=\int_0^1\left(\frac{3}{2}y^3-\frac{1}{2}y^2\right)dy$$

$$=\left[\frac{3}{8}y^4-\frac{1}{6}y^3\right]_0^1=\underline{\boldsymbol{\frac{5}{24}}}$$

注意

$f(x)=2(1-A)x-2B$

より，

$f(y)=2(1-A)y-2B$

これを

$A=\int_0^1 f(y)dy$

の $f(y)$ に代入して積分する。

注意

$B=\int_0^1 yf(y)dy$

に

$yf(y)=2(1-A)y^2-2By$

を代入して積分する。

注意

$C=\int_0^1 y^2f(y)dy$

に

$y^2f(y)=y^2\left(\frac{3}{2}y-\frac{1}{2}\right)$

を代入して積分する。

31 絶対値のついた積分

この問題で問われていること

- ❑ 絶対値記号を外して積分できる

(1) GR 1 $y=|f(x)|$ のグラフを考えよう

$$|x^2-a^2|=\begin{cases}x^2-a^2 & (x\leqq -a,\ a\leqq x)\\ -(x^2-a^2) & (-a\leqq x\leqq a)\end{cases}$$

であるから，$y=|x^2-a^2|$ のグラフは下のようになる。

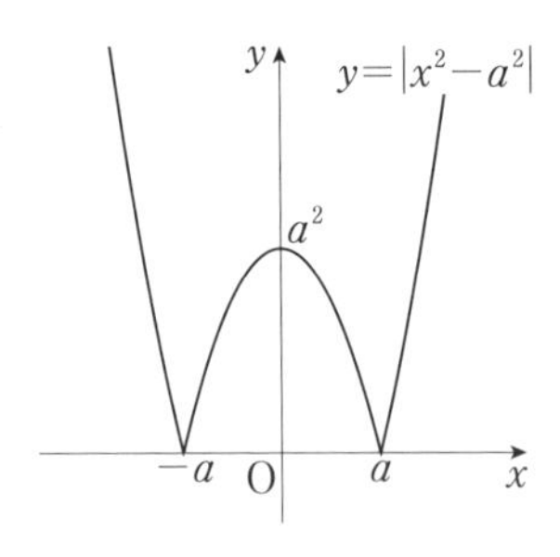

(2) GR 2 絶対値記号を外そう

GR 3 a と 2 の大小を比較しよう

(i) $0<a\leqq 2$ のとき

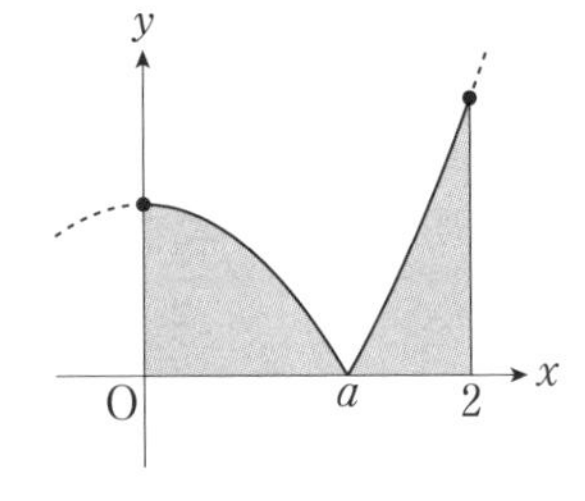

$$\begin{aligned}S&=\int_0^2|x^2-a^2|dx\\&=\int_0^a-(x^2-a^2)dx+\int_a^2(x^2-a^2)dx\\&=\left[-\frac{1}{3}x^3+a^2x\right]_0^a+\left[\frac{1}{3}x^3-a^2x\right]_a^2\\&=\frac{4}{3}a^3-2a^2+\frac{8}{3}\end{aligned}$$

（ii） $a \geqq 2$ のとき

$$S=\int_0^2 |x^2-a^2|dx$$

$$=\int_0^2 -(x^2-a^2)dx$$

$$=\left[-\frac{1}{3}x^3+a^2x\right]_0^2=2a^2-\frac{8}{3}$$

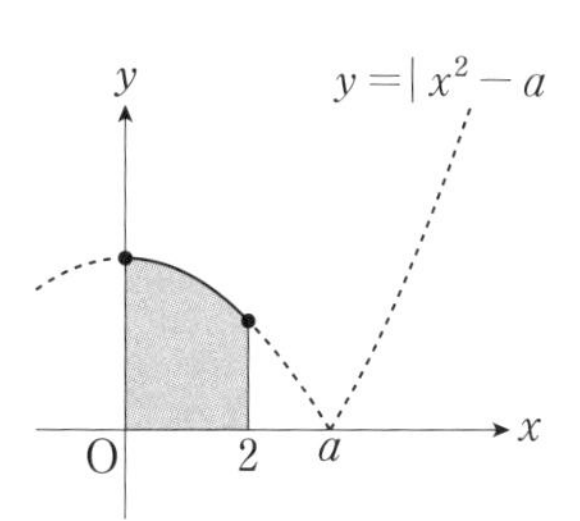

（i），（ii）より，

$$\boldsymbol{S=\begin{cases}\dfrac{4}{3}a^3-2a^2+\dfrac{8}{3} & (0<a \leqq 2)\\ 2a^2-\dfrac{8}{3} & (a \geqq 2)\end{cases}}$$

(3) GR 4 $0<a \leqq 2$，$a \geqq 2$ **にわけて最小値を考えよう**

$0<a \leqq 2$ において

$$S=\frac{4}{3}a^3-2a^2+\frac{8}{3}$$

$$S'=4a^2-4a=4a(a-1)$$

a	0	$\cdots$	1	$\cdots$	2
S'		$-$	0	$+$	
S		↘		↗	

S は $a=1$ で最小となる。このとき，

$$S=\frac{4}{3}-2+\frac{8}{3}=2$$

$a \geqq 2$ のとき，

$$S=2a^2-\frac{8}{3}$$

であり，$a=2$ で最小となる。このとき，

$$S=8-\frac{8}{3}=\frac{16}{3}$$

以上から，**S は $a=1$ のとき最小値 2 をとる。**

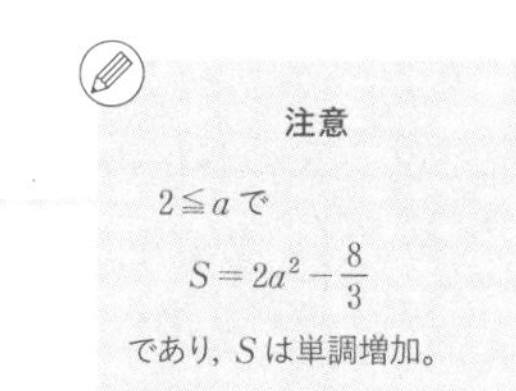

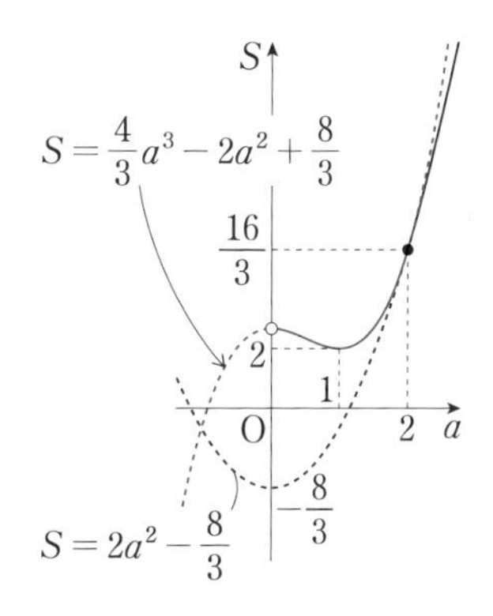

31

絶対値のついた積分

32 4次関数のグラフとその接線が囲む部分の面積

この問題で問われていること

- ☐ 4次関数のグラフの接線を求められる
- ☐ $\int_{\alpha}^{\beta}(x-\alpha)^2(x-\beta)^2\,dx$ が計算できる

(1) GR 1 **接線を $y=mx+n$ とおこう**

求める直線 l を $l: y=mx+n$，接点の x 座標を α，β $(\alpha<\beta)$ とする。

このとき，$y=f(x)$ と l は $x=\alpha$，β で接するので，

GR 2 **$f(x)-(mx+n)$ に着目しよう**

$$f(x)-(mx+n)=(x-\alpha)^2(x-\beta)^2 \quad \cdots\cdots①$$

である。

$$(①の左辺)=x^4-4x^3-8x^2-mx-n \quad \cdots\cdots②$$

$$\begin{aligned}(①の右辺)&=\{x^2-(\alpha+\beta)x+\alpha\beta\}^2\\&=x^4+(\alpha+\beta)^2x^2+\alpha^2\beta^2-2(\alpha+\beta)x^3-2\alpha\beta(\alpha+\beta)x+2\alpha\beta x^2\\&=x^4-2(\alpha+\beta)x^3+\{(\alpha+\beta)^2+2\alpha\beta\}x^2-2\alpha\beta(\alpha+\beta)x+\alpha^2\beta^2\end{aligned}$$

$\cdots\cdots③$

②，③の各係数を比較すると，

$$\begin{cases}-2(\alpha+\beta)=-4\\(\alpha+\beta)^2+2\alpha\beta=-8\\-2\alpha\beta(\alpha+\beta)=-m\\\alpha^2\beta^2=-n\end{cases}$$

（上の2式）→ $\alpha+\beta$，$\alpha\beta$ が求められる（→下の2式へ）

$\alpha+\beta=2$，$\alpha\beta=-6$ であるから，

$$m=2\alpha\beta(\alpha+\beta)=-24$$

$$n=-(\alpha\beta)^2=-36$$

よって，l の方程式は $\boldsymbol{y=-24x-36}$

(2) GR 3 **面積を求める準備をしよう**

$\alpha+\beta=2$，$\alpha\beta=-6$ であるから α，β は t の2次方程式 $t^2-2t-6=0$ の

解であるから，$\alpha=1-\sqrt{7}$，$\beta=1+\sqrt{7}$

ちょこっとメモ

解の公式を用いた。

①より，

$$f(x)-(-24x-36)$$
$$=(x-\alpha)^2(x-\beta)^2\geqq 0$$

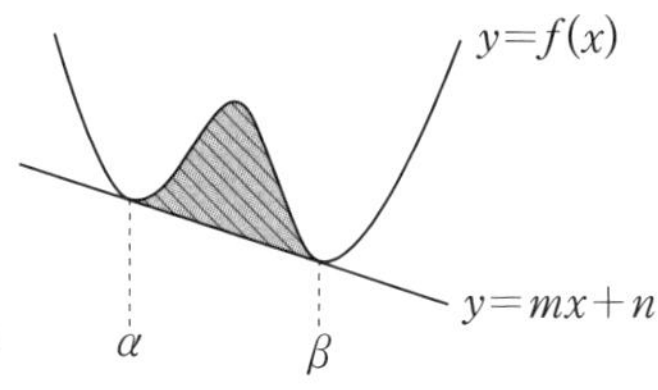

であるから，求める面積を S とすると

GR 4 $\displaystyle\int_{\alpha}^{\beta}(x-\alpha)^2(x-\beta)^2\,dx$ **の計算をしよう**

$$S=\int_{\alpha}^{\beta}\{f(x)-(-24x-36)\}dx$$
$$=\int_{\alpha}^{\beta}(x-\alpha)^2(x-\beta)^2\,dx$$
$$=\int_{\alpha}^{\beta}(x-\alpha)^2\{(x-\alpha)+\alpha-\beta\}^2\,dx$$
$$=\int_{\alpha}^{\beta}(x-\alpha)^2\{(x-\alpha)^2+2(\alpha-\beta)(x-\alpha)+(\alpha-\beta)^2\}\,dx$$
$$=\int_{\alpha}^{\beta}\{(x-\alpha)^4+2(\alpha-\beta)(x-\alpha)^3+(\alpha-\beta)^2(x-\alpha)^2\}\,dx$$
$$=\left[\frac{1}{5}(x-\alpha)^5\right]_{\alpha}^{\beta}+2(\alpha-\beta)\left[\frac{1}{4}(x-\alpha)^4\right]_{\alpha}^{\beta}+(\alpha-\beta)^2\left[\frac{1}{3}(x-\alpha)^3\right]_{\alpha}^{\beta}$$
$$=\frac{1}{5}(\beta-\alpha)^5+\frac{1}{2}(\alpha-\beta)(\beta-\alpha)^4+\frac{1}{3}(\alpha-\beta)^2(\beta-\alpha)^3$$
$$=\frac{1}{5}(\beta-\alpha)^5-\frac{1}{2}(\beta-\alpha)^5+\frac{1}{3}(\beta-\alpha)^5$$
$$=\frac{1}{30}(\beta-\alpha)^5$$

注意

$$\int(x+a)^n\,dx$$
$$=\frac{1}{n+1}(x+a)^{n+1}+C$$

$\beta-\alpha=2\sqrt{7}$ であるから，

$$S=\frac{1}{30}\times(2\sqrt{7})^5=\frac{784\sqrt{7}}{15}$$

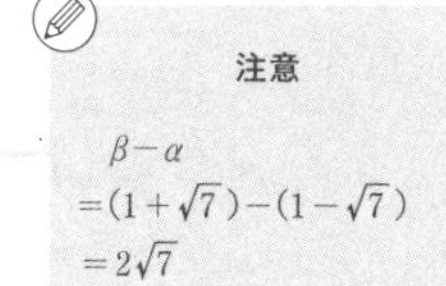

CHAPTER 9 数列

33 差分

この問題で問われていること

□ b_k-b_{k+1} の形を利用して和を求められる

(1) GR 1 積和の公式を利用しよう

$$\sin\alpha\sin\beta=-\frac{1}{2}\{\cos(\alpha+\beta)-\cos(\alpha-\beta)\}$$

ちょこっとメモ
積和の公式→ p.23

が成り立つので,

$$\sin\frac{x}{2}\sin kx=-\frac{1}{2}\left\{\cos\left(\frac{x}{2}+kx\right)-\cos\left(\frac{x}{2}-kx\right)\right\}$$
$$=\frac{1}{2}\left\{\cos\left(k-\frac{1}{2}\right)x-\cos\left(k+\frac{1}{2}\right)x\right\}$$

注意
$\cos(-\theta)=\cos\theta$

(2) GR 2 $\triangle OP_{k-1}P_k$ の面積を求めよう

$\angle P_0OP_1=\theta$ とすると, $\angle P_{k-1}OP_k=k\theta$

$\triangle OP_{k-1}P_k$ の面積を T_k とすると,

$$T_k=\frac{1}{2}OP_{k-1}\cdot OP_k\sin\angle P_{k-1}OP_k$$
$$=\frac{1}{2}r^2\sin k\theta$$

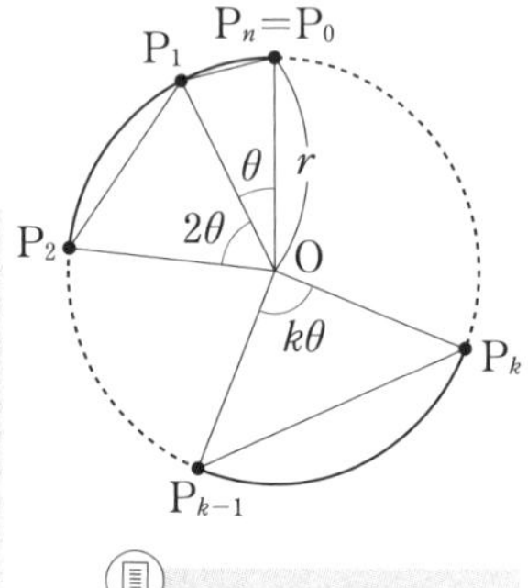

また, $\displaystyle\sum_{k=1}^{n}k\theta=2\pi$ であるから,

$$\frac{1}{2}n(n+1)\theta=2\pi \qquad \therefore\quad \theta=\frac{4\pi}{n(n+1)}$$

ちょこっとメモ
三角形の面積→ p.95

GR 3 $\displaystyle\sum_{k=1}^{n}\sin k\theta$ を求めよう

ここで, $b_k=\cos\left(k-\frac{1}{2}\right)\theta$ とすると, $\cos\left(k+\frac{1}{2}\right)\theta=b_{k+1}$ であるから,

(1) より,

$$\sin\frac{\theta}{2}\sin k\theta=\frac{1}{2}(b_k-b_{k+1})$$

注意
$b_{k+1}=\cos\left\{(k+1)-\frac{1}{2}\right\}$
$=\cos\left(k+\frac{1}{2}\right)$

よって，

$$\sum_{k=1}^{n} \sin\frac{\theta}{2}\sin k\theta = \sum_{k=1}^{n}\frac{1}{2}(b_k - b_{k+1})$$

$$= \frac{1}{2}\sum_{k=1}^{n}(b_k - b_{k+1})$$

$$= \frac{1}{2}(b_1 - b_{n+1})$$

$$= \frac{1}{2}\left(\cos\frac{\theta}{2} - \cos\frac{2n+1}{2}\theta\right)$$

$$= \sin\frac{n+1}{2}\theta\sin\frac{n}{2}\theta$$

注意

$$b_1 = \cos\left(1 - \frac{1}{2}\right)\theta$$
$$= \cos\frac{\theta}{2}$$
$$\vdots$$
$$b_{n+1} = \cos\left(n + 1 - \frac{1}{2}\right)\theta$$
$$= \cos\frac{2n+1}{2}\theta$$

$\sin\dfrac{\theta}{2} = \sin\dfrac{\angle P_0OP_1}{2} \neq 0$ より，

$$\sum_{k=1}^{n}\sin k\theta = \frac{\sin\frac{n+1}{2}\theta\sin\frac{n}{2}\theta}{\sin\frac{\theta}{2}} \quad \left(\sin\frac{\theta}{2} \neq 0\right)$$

以上から，

$$S_n = \sum_{k=1}^{n} T_k$$

$$= \frac{r^2}{2}\sum_{k=1}^{n}\sin k\theta$$

$$= \frac{r^2}{2}\cdot\frac{\sin\frac{n+1}{2}\theta\sin\frac{n}{2}\theta}{\sin\frac{\theta}{2}}$$

$$= \boldsymbol{\frac{r^2}{2}\cdot\frac{\sin\frac{2\pi}{n}\sin\frac{2\pi}{n+1}}{\sin\frac{2\pi}{n(n+1)}}}$$

注意

$$\theta = \frac{4\pi}{n(n+1)}$$

を代入。

33

差分

34 群数列

この問題で問われていること

- [ ] 群数列に帰着して考えられる

(1) GR 1 具体化してみよう

$\sqrt{k}$ の整数部分が m であるとき，

$$m \leqq \sqrt{k} < m+1$$

$$m^2 \leqq k < (m+1)^2 \quad \cdots\cdots ①$$

$m=1$ のとき，$1 \leqq k < 4$　∴　$k=1,\ 2,\ 3$

$m=2$ のとき，$4 \leqq k < 9$　∴　$k=4,\ 5,\ \cdots,\ 8$

$m=3$ のとき，$9 \leqq k < 16$　∴　$k=9,\ 10,\ \cdots,\ 15$

よって，

$$\sum_{k=1}^{15} a_k = 3\cdot1+5\cdot2+7\cdot3=\underline{34}$$

ちょこっとメモ

a_n において $(1 \leqq n \leqq 15)$
$a_k=1$ となるのは 3 個
$a_k=2$ となるのは 5 個
$a_k=3$ となるのは 7 個

(2) GR 2 $\sqrt{k}=m$ となる k の値に着目しよう

①から，$a_k=m$ となる k は

$$k=m^2,\ m^2+1,\ \cdots,\ (m+1)^2-1$$

よって，k の個数は

GR 3 数の数え方に注意しよう

$$(m+1)^2-m^2=\underline{\mathbf{2m+1}\ \text{(個)}}$$

注意

$(m+1)^2$ は含まない。

(3) GR 4 群数列を考えよう

数列 $\{a_k\}$ を，第 m 群に $a_k=m$ となる $2m+1$ 個の項が入るように，群に分ける。

注意

$a_1a_2a_3 \mid a_4a_5a_6a_7a_8 \mid a_9a_{10}a_{11}\cdots$

群	1	2	…	m	$m+1$
k	1, 2, 3	4, 5, …, 8	…	m^2, m^2+1, …, $(m+1)^2-1$	$(m+1)^2$, …
a_k	1	2	…	m	$m+1$
群内の項数	3	5	…	$2m+1$	$2m+3$

GR 5 a_{1000} が第何群にあるかを考えよう

群	m	$m+1$
a_k	a_{m^2}, …, a_{1000}, …	$a_{(m+1)^2}$, …

a_{1000} が第 m 群に属するとすると,

$$m^2 \leqq 1000 < (m+1)^2$$

$31^2=961$, $32^2=1024$ であるから

$m=31$

$1 \leqq k \leqq 1000$ に対して, $a_k=31$ となる k は

$$k=961,\ 962,\ \cdots,\ 1000$$

であり, $1000-961+1=40$ から 40 個ある。

ちょこっとメモ

第 31 群の第 40 項目が 1000

(2) より, $a_k=m$ となる k は $2m+1$ 個存在するので,

$$\begin{aligned}\sum_{k=1}^{1000} a_k &= \sum_{k=1}^{960} a_k + \sum_{k=961}^{1000} a_k \\ &= \sum_{m=1}^{30} m\cdot(2m+1) + 31\cdot 40 \\ &= 2\sum_{m=1}^{30} m^2 + \sum_{m=1}^{30} m + 31\cdot 40 \\ &= 2\cdot\frac{1}{6}\cdot 30\cdot 31\cdot 61 + \frac{1}{2}\cdot 30\cdot 31 + 31\cdot 40 \\ &= \underline{\mathbf{20615}}\end{aligned}$$

35 図形と漸化式

この問題で問われていること

❏ C_n，C_{n+1} に着目して漸化式を立式できる

(1) 円 C の中心を P(0, 1) とする。

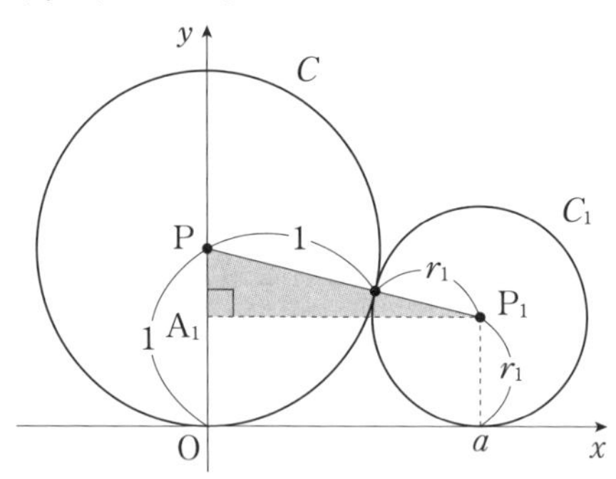

GR 1 2円が外接するときの位置関係を考えよう

2円 C，C_1 が外接することから，

$$\mathrm{PP_1} = 1 + r_1$$

また，$\triangle \mathrm{PP_1A_1}$ において，

$$\mathrm{PP_1} = \sqrt{\mathrm{PA_1}^2 + \mathrm{P_1A_1}^2} = \sqrt{(1-r_1)^2 + a^2}$$

よって，

$$(1-r_1)^2 + a^2 = (1+r_1)^2$$

$$\therefore \quad \boldsymbol{r_1 = \frac{a^2}{4}}$$

(2) 円 C_n の中心を P_n，P_n から y 軸に下ろした垂線の足を A_n とする。P_n の x 座標を x_n とすると，条件から $x_1 = a$

条件から，$a = x_1 > x_2 > \cdots > x_n > x_{n+1} > \cdots > 0$ である（次図参照）。

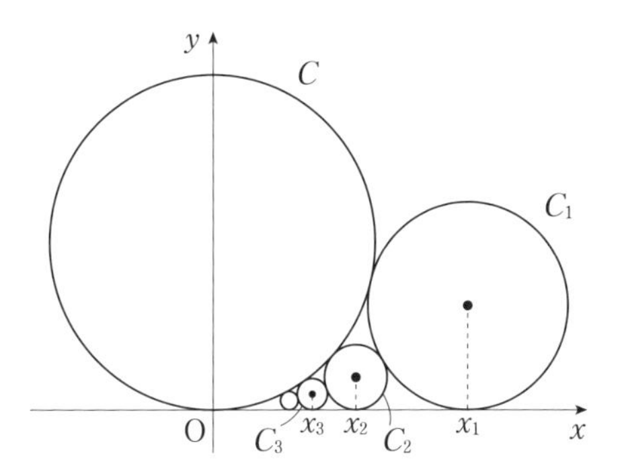

GR 2 条件を立式しよう

2 円 C, C_n が外接することから, $\mathrm{PP}_n = 1 + r_n$

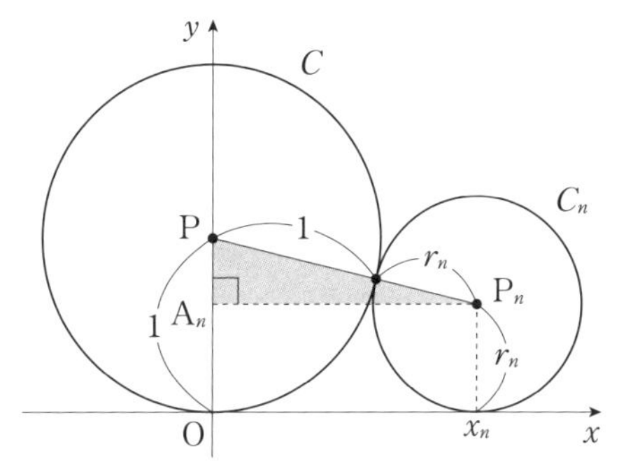

また, $\triangle \mathrm{PP}_n\mathrm{A}_n$ において,

$$\mathrm{PP}_n = \sqrt{\mathrm{PA}_n{}^2 + \mathrm{P}_n\mathrm{A}_n{}^2} = \sqrt{(1 - r_n)^2 + x_n{}^2}$$

よって,

$$(1 - r_n)^2 + x_n{}^2 = (1 + r_n)^2$$

$$\therefore \quad x_n = 2\sqrt{r_n} \quad \cdots\cdots ①$$

P_n を通り x 軸に垂直な直線に P_{n+1} から下ろした垂線の足を B_n とする。

2 円 C_n, C_{n+1} が外接することから, $\mathrm{P}_n\mathrm{P}_{n+1} = r_n + r_{n+1}$

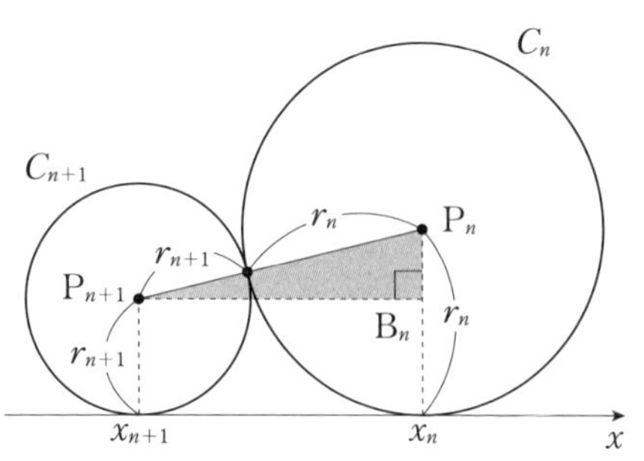

また，$\triangle \mathrm{P}_n\mathrm{P}_{n+1}\mathrm{B}_n$ において，

$$\mathrm{P}_n\mathrm{P}_{n+1} = \sqrt{\mathrm{P}_n\mathrm{B}_n{}^2 + \mathrm{P}_{n+1}\mathrm{B}_n{}^2} = \sqrt{(r_n - r_{n+1})^2 + (x_n - x_{n+1})^2}$$

よって，

$$(r_n - r_{n+1})^2 + (x_n - x_{n+1})^2 = (r_n + r_{n+1})^2$$

$$r_n r_{n+1} = \left(\frac{x_n - x_{n+1}}{2}\right)^2$$

> **注意**
> $(x_n - x_{n+1})^2$
> $= 4r_n r_{n+1}$

$x_n - x_{n+1} > 0$ であるから，

$$\sqrt{r_n r_{n+1}} = \frac{1}{2}(x_n - x_{n+1}) \quad \cdots\cdots②$$

> **注意**
> $\begin{cases} x_n = 2\sqrt{r_n} \\ x_{n+1} = 2\sqrt{r_{n+1}} \end{cases}$

GR 3 漸化式の式変形をしよう

①，②より，

$$\sqrt{r_n r_{n+1}} = \sqrt{r_n} - \sqrt{r_{n+1}}$$

両辺 $\sqrt{r_n r_{n+1}}$ で割ると，

$$\frac{1}{\sqrt{r_{n+1}}} - \frac{1}{\sqrt{r_n}} = 1$$

数列 $\left\{\dfrac{1}{\sqrt{r_n}}\right\}$ は初項 $\dfrac{1}{\sqrt{r_1}} = \sqrt{\dfrac{4}{a^2}} = \dfrac{2}{a}$，公差 1 の等差数列であるから，

$$\frac{1}{\sqrt{r_n}} = \frac{2}{a} + (n-1)\cdot 1 = \frac{2}{a} + n - 1$$

よって，

$$\boldsymbol{r_n = \frac{1}{\left(\frac{2}{a} + n - 1\right)^2}}$$

公式・定理のおさらい

●方べきの定理

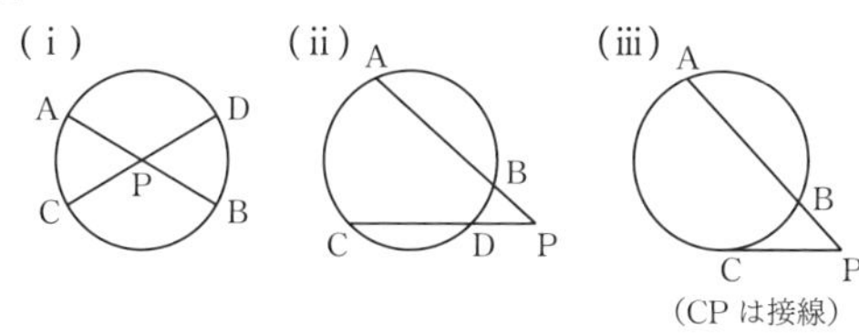

(i)(ii)　$AP \cdot BP = CP \cdot DP$

(iii)　$AP \cdot BP = CP^2$　←(ii)でCとDが一致するとみる

●三角形の面積

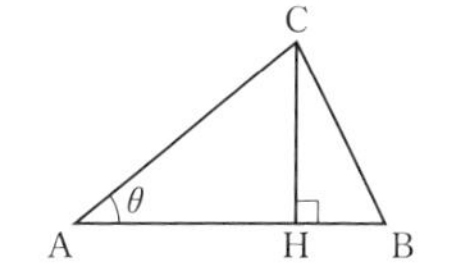

三角形ABCの面積Sは

① $S = \frac{1}{2} \cdot AB \cdot CH$

② $CH = AC\sin\theta$ より，$S = \frac{1}{2} \cdot AB \cdot AC\sin\theta$

③ $0 < \theta < \pi$ より，$\sin\theta > 0$ なので，$\sin\theta = \sqrt{1-\cos^2\theta}$

$\cos\theta = \frac{\overrightarrow{AB} \cdot \overrightarrow{AC}}{|\overrightarrow{AB}| \cdot |\overrightarrow{AC}|}$ であるから，

$$S = \frac{1}{2}|\overrightarrow{AB}| \cdot |\overrightarrow{AC}|\sqrt{1-\left(\frac{\overrightarrow{AB} \cdot \overrightarrow{AC}}{|\overrightarrow{AB}| \cdot |\overrightarrow{AC}|}\right)^2}$$

$\therefore$ $S = \frac{1}{2}\sqrt{|\overrightarrow{AB}|^2|\overrightarrow{AC}|^2 - (\overrightarrow{AB} \cdot \overrightarrow{AC})^2}$

④ $\overrightarrow{AB} = \begin{pmatrix} a_1 \\ b_1 \end{pmatrix}$，$\overrightarrow{AC} = \begin{pmatrix} a_2 \\ b_2 \end{pmatrix}$ のとき，

$$\begin{cases} |\overrightarrow{AB}|^2 = a_1{}^2 + b_1{}^2, \ |\overrightarrow{AC}|^2 = a_2{}^2 + b_2{}^2 \\ \overrightarrow{AB} \cdot \overrightarrow{AC} = a_1 a_2 + b_1 b_2 \end{cases}$$

であるから，

$$S = \frac{1}{2}\sqrt{(a_1{}^2 + b_1{}^2)(a_2{}^2 + b_2{}^2) - (a_1 a_2 + b_1 b_2)^2}$$

$$= \frac{1}{2}\sqrt{a_1{}^2 b_2{}^2 - 2a_1 a_2 b_1 b_2 + a_2{}^2 b_1{}^2}$$

$$= \frac{1}{2}\sqrt{(a_1 b_2 - a_2 b_1)^2}$$

$\therefore$ $S = \frac{1}{2}|a_1 b_2 - a_2 b_1|$

36 k, $k+1$ の帰納法

この問題で問われていること

- ☐ $\alpha^{n+2}+\beta^{n+2}$ を $\alpha^{n+1}+\beta^{n+1}$, $\alpha^n+\beta^n$ を用いて表せる
- ☐ $n=k$, $k+1$ で仮定する数学的帰納法を使える

(1) GR 1 **解と係数の関係と $\alpha+\beta$, $\alpha\beta$ の値を利用しよう**

$$x^2-4x+1=0 \quad \cdots\cdots ①$$

解と係数の関係から，$\alpha+\beta=4$, $\alpha\beta=1$

よって

$$S_2=\alpha^2+\beta^2=(\alpha+\beta)^2-2\alpha\beta=4^2-2\cdot1=\underline{14}$$

$$S_3=\alpha^3+\beta^3=(\alpha+\beta)^3-3\alpha\beta(\alpha+\beta)=4^3-3\cdot1\cdot4=\underline{52}$$

(2) GR 2 **$\alpha^{n+2}+\beta^{n+2}$ の表し方をくふうしよう**

$$\alpha^{n+2}+\beta^{n+2}=(\alpha^{n+1}+\beta^{n+1})(\alpha+\beta)-\alpha\beta(\alpha^n+\beta^n)$$

であるから，

$$\therefore \quad \underline{S_{n+2}=4S_{n+1}-S_n}$$

［別解］

α, β は①の解であるから，

$$\alpha^2-4\alpha+1=0 \quad \Leftrightarrow \quad \alpha^2=4\alpha-1$$

両辺に α^n をかけると，

$$\alpha^{n+2}=4\alpha^{n+1}-\alpha^n$$

同様に，

$$\beta^{n+2}=4\beta^{n+1}-\beta^n$$

2 式を足し合わせて

$$\alpha^{n+2}+\beta^{n+2}=4(\alpha^{n+1}+\beta^{n+1})-(\alpha^n+\beta^n)$$

$$\therefore \quad \underline{S_{n+2}=4S_{n+1}-S_n}$$

(3) GR 3 **数学的帰納法を使うことを考えてみよう**

すべての自然数 n に対して S_n が偶数である……(＊)

ことを数学的帰納法を用いて示す。

［Ⅰ］ $n=1$，2 のとき，

$S_1=4$，$S_2=14$ であるから $n=1$，2 のとき，（＊）は成り立つ。

［Ⅱ］ $n=k$，$k+1$ のとき，（＊）が成り立つと仮定すると，

$S_k=2A$，$S_{k+1}=2B$ と整数 A，B を用いて表すことができる。

このとき，(2) より，

$$S_{k+2}=4S_{k+1}-S_k=8B-2A=2(4B-A)$$

S_{k+2} も偶数であるから，$n=k+2$ のときにも（＊）は成り立つ。

注意

S_k，S_{k+1} は偶数。

［Ⅰ］，［Ⅱ］から，すべての自然数 n に対して（＊）は成り立つ。

(4) GR 4 **$0<\beta<1$ に着目しよう**

①を解くと，$x=2\pm\sqrt{3}$

$\alpha>\beta$ より $\beta=2-\sqrt{3}$ であるから，$0<\beta<1$

よって，$0<\beta^n<1$

(3) より，整数 C を用いて $S_n=2C$ と表せるから，

$$\alpha^n=2C-\beta^n$$

$0<\beta^n<1$ であるから，

$$2C-1<\alpha^n<2C$$

よって，$[\alpha^n]=2C-1$

したがって，すべての自然数 n に対して，$[\alpha^n]$ は奇数になる。

注意

$[\alpha^n]$ は α^n をこえない最大の整数。

公式・定理のおさらい

●数学的帰納法の point

自然数 n に関する命題 $P(n)$ を数学的帰納法で示すときには，

［Ⅰ］ $P(1)$ で成立することを示す。

［Ⅱ］ $P(k)$ での成立を仮定し，

$P(k+1)$ が成立することを示す。

［Ⅱ］を考える際に，$P(k+1)$ が成立するためには，どの k について仮定が必要なのかを考えよう。

［Ⅰ］→ $P(1)$ 成立 ⇒ $P(2)$ 成立

$P(2)$ 成立 ⇒ $P(3)$ 成立

$P(3)$ 成立 ⇒ $P(4)$ 成立

⋮

［Ⅱ］→ $P(k)$ 成立 ⇒ $P(k+1)$ 成立

CHAPTER 10 ベクトル

37 ベクトルと外接円

この問題で問われていること

☐ 外心へのベクトルを求められる

(1)
$$|\overrightarrow{BC}|^2=|\overrightarrow{AC}-\overrightarrow{AB}|^2$$
$$=|\overrightarrow{AC}|^2-2\overrightarrow{AB}\cdot\overrightarrow{AC}+|\overrightarrow{AB}|^2$$
$$=2-2\cdot\frac{1}{2}+1=2$$

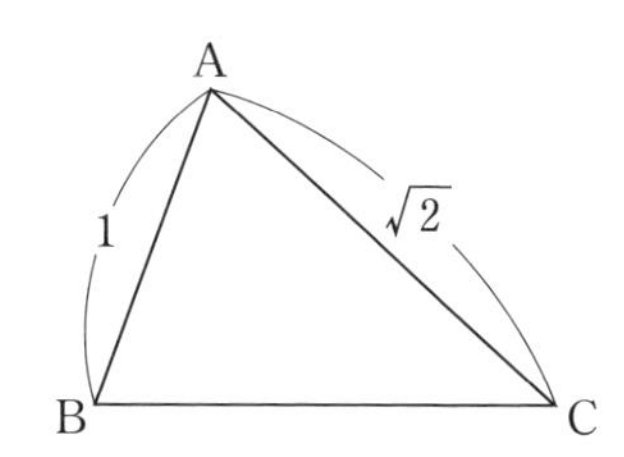

であるから，

$$BC=\sqrt{2}$$

また，△ABC の面積は

$$\frac{1}{2}\sqrt{|\overrightarrow{AB}|^2|\overrightarrow{AC}|^2-(\overrightarrow{AB}\cdot\overrightarrow{AC})^2}=\frac{1}{2}\sqrt{1\cdot 2-\left(\frac{1}{2}\right)^2}$$
$$=\frac{\sqrt{7}}{4}$$

ちょこっとメモ

三角形の面積→ p.95

(2) GR 1 **外心へのベクトル→ 2 辺の垂直二等分線の交点に着目しよう**

AB，AC の中点を M，N とする。

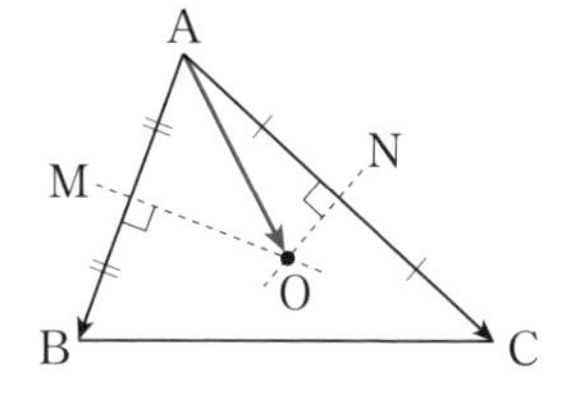

GR 2 **内積の計算をくふうしよう**

$$\begin{cases}\overrightarrow{AO}\cdot\overrightarrow{AB}=AM\cdot AB=\frac{1}{2}\cdot 1=\frac{1}{2}\\ \overrightarrow{AO}\cdot\overrightarrow{AC}=AN\cdot AC=\frac{\sqrt{2}}{2}\cdot\sqrt{2}=1\end{cases}$$

であり，また，$\overrightarrow{AO}=s\overrightarrow{AB}+t\overrightarrow{AC}$ とすると，

注意

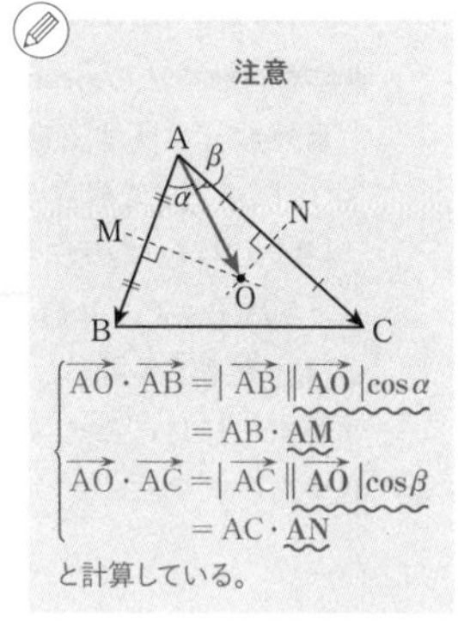

$$\begin{cases}\overrightarrow{AO}\cdot\overrightarrow{AB}=|\overrightarrow{AB}||\overrightarrow{AO}|\cos\alpha\\ \quad=AB\cdot AM\\ \overrightarrow{AO}\cdot\overrightarrow{AC}=|\overrightarrow{AC}||\overrightarrow{AO}|\cos\beta\\ \quad=AC\cdot AN\end{cases}$$

と計算している。

$$\begin{cases} \overrightarrow{AO}\cdot\overrightarrow{AB}=(s\overrightarrow{AB}+t\overrightarrow{AC})\cdot\overrightarrow{AB}=s+\dfrac{1}{2}t \\ \overrightarrow{AO}\cdot\overrightarrow{AC}=(s\overrightarrow{AB}+t\overrightarrow{AC})\cdot\overrightarrow{AC}=\dfrac{1}{2}s+2t \end{cases}$$

であるから，

$$\begin{cases} s+\dfrac{1}{2}t=\dfrac{1}{2} \\ \dfrac{1}{2}s+2t=1 \end{cases}$$

$$\therefore\quad s=\frac{2}{7},\ t=\frac{3}{7}$$

よって，

$$\boldsymbol{\overrightarrow{AO}=\frac{2}{7}\overrightarrow{AB}+\frac{3}{7}\overrightarrow{AC}}$$

(3) GR 3 $\overrightarrow{AH}$ を求めよう

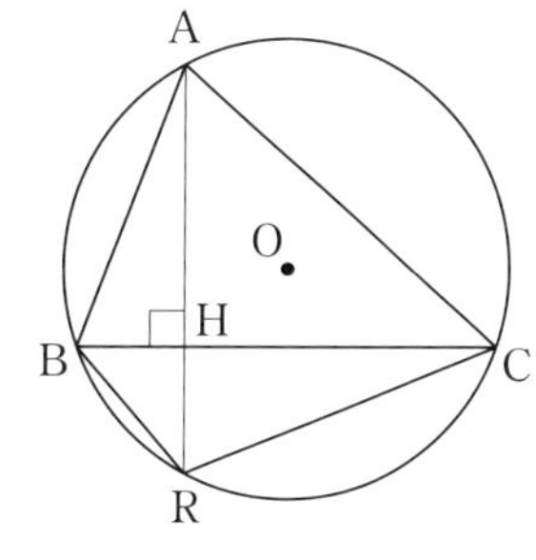

AR と BC の交点を H とすると，H は BC 上の点であるから，

$$\overrightarrow{AH}=t\overrightarrow{AB}+(1-t)\overrightarrow{AC}$$

とおけて，$\overrightarrow{AH}\perp\overrightarrow{BC}$ であるから，

$$\overrightarrow{AH}\cdot\overrightarrow{BC}=0$$

$$\{t\overrightarrow{AB}+(1-t)\overrightarrow{AC}\}\cdot(\overrightarrow{AC}-\overrightarrow{AB})=0$$

$$t\overrightarrow{AB}\cdot\overrightarrow{AC}-t|\overrightarrow{AB}|^2+(1-t)|\overrightarrow{AC}|^2-(1-t)\overrightarrow{AB}\cdot\overrightarrow{AC}=0$$

$$t\cdot\frac{1}{2}-t\cdot1+(1-t)\cdot2-(1-t)\cdot\frac{1}{2}=0$$

$$\therefore\quad t=\frac{3}{4}$$

よって，

$$\overrightarrow{AH}=\frac{3}{4}\overrightarrow{AB}+\frac{1}{4}\overrightarrow{AC}$$

ちょこっとメモ

方べきの定理→ p.95

BH：HC＝1：3 であるから，

$$\mathrm{BH}=\frac{1}{4}\mathrm{BC}=\frac{\sqrt{2}}{4},\ \mathrm{CH}=\frac{3}{4}\mathrm{BC}=\frac{3\sqrt{2}}{4}$$

△ABHにおいて，

$$\mathrm{AH}=\sqrt{\mathrm{AB}^2-\mathrm{BH}^2}=\sqrt{1-\left(\frac{\sqrt{2}}{4}\right)^2}=\frac{\sqrt{14}}{4}$$

方べきの定理より，

$$\mathrm{AH}\cdot\mathrm{HR}=\mathrm{BH}\cdot\mathrm{CH}$$

$$\therefore\quad \mathrm{HR}=\frac{4}{\sqrt{14}}\cdot\frac{\sqrt{2}}{4}\cdot\frac{3\sqrt{2}}{4}=\frac{3\sqrt{14}}{28}$$

したがって，

$$\mathrm{AH}:\mathrm{HR}=\frac{\sqrt{14}}{4}:\frac{3\sqrt{14}}{28}$$

$$\therefore\quad \mathrm{AH}:\mathrm{HR}=7:3$$

よって，

$$\begin{aligned}\overrightarrow{\mathrm{AR}}&=\frac{10}{7}\overrightarrow{\mathrm{AH}}\\&=\frac{10}{7}\left(\frac{3}{4}\overrightarrow{\mathrm{AB}}+\frac{1}{4}\overrightarrow{\mathrm{AC}}\right)\\&=\underset{\sim\sim\sim\sim\sim\sim\sim\sim\sim\sim}{\boldsymbol{\frac{15}{14}\overrightarrow{\mathrm{AB}}+\frac{5}{14}\overrightarrow{\mathrm{AC}}}}\end{aligned}$$

(4)　四角形ABRCの面積は

$$\begin{aligned}\frac{1}{2}\cdot\mathrm{AH}\cdot\mathrm{BC}+\frac{1}{2}\cdot\mathrm{HR}\cdot\mathrm{BC}&=\frac{1}{2}(\mathrm{AH}+\mathrm{HR})\cdot\mathrm{BC}\\&=\frac{1}{2}\cdot\left(\frac{\sqrt{14}}{4}+\frac{3\sqrt{14}}{28}\right)\cdot\sqrt{2}\\&=\frac{1}{2}\cdot\frac{10\sqrt{14}}{28}\cdot\sqrt{2}\\&=\underset{\sim\sim}{\boldsymbol{\frac{5\sqrt{7}}{14}}}\end{aligned}$$

公式・定理のおさらい

●ベクトルの分解（和に分解）

$\overrightarrow{AB}=\overrightarrow{AC}+\overrightarrow{CB}$

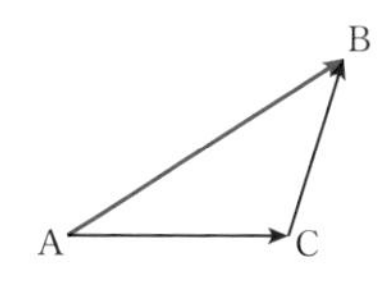

●ベクトルの分解（差に分解）

$\overrightarrow{AB}=\overrightarrow{OB}-\overrightarrow{OA}$

新たな始点からのベクトルに分解できる。

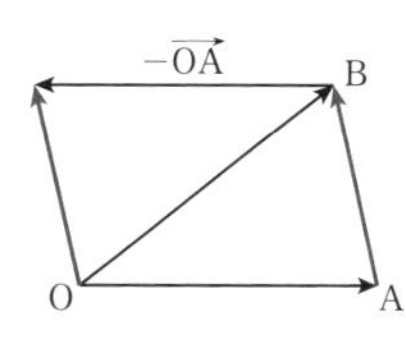

38 円のベクトル方程式

この問題で問われていること

❑ $|\overrightarrow{AP}-\overrightarrow{AE}|=a$ を満たす点Pの軌跡がわかる

(1) GR 1 $\overrightarrow{AD}$ を $\overrightarrow{AB}$，$\overrightarrow{AC}$ を用いて表そう

$$\begin{aligned}\overrightarrow{AB}\cdot\overrightarrow{AC}&=|\overrightarrow{AB}||\overrightarrow{AC}|\cos\frac{2\pi}{3}\\&=a\cdot 2a\cdot\left(-\frac{1}{2}\right)\\&=-a^2\end{aligned}$$

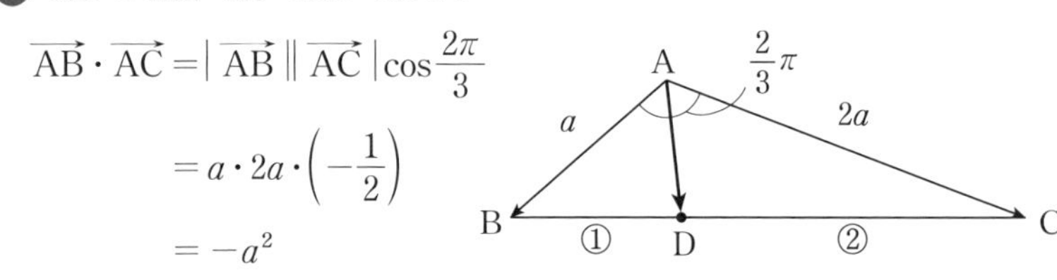

$\overrightarrow{AD}=\frac{2}{3}\overrightarrow{AB}+\frac{1}{3}\overrightarrow{AC}$ であるから，

$$\begin{aligned}|\overrightarrow{AD}|^2&=\left|\frac{2}{3}\overrightarrow{AB}+\frac{1}{3}\overrightarrow{AC}\right|^2\\&=\frac{4}{9}|\overrightarrow{AB}|^2+\frac{4}{9}\overrightarrow{AB}\cdot\overrightarrow{AC}+\frac{1}{9}|\overrightarrow{AC}|^2\\&=\frac{4}{9}\cdot a^2+\frac{4}{9}\cdot(-a^2)+\frac{1}{9}\cdot 4a^2\\&=\frac{4}{9}a^2\end{aligned}$$

$$\therefore\ |\overrightarrow{AD}|=\frac{2}{3}\boldsymbol{a}$$

(2) GR 2 始点をAにしよう

$$\begin{aligned}2\overrightarrow{AP}-2\overrightarrow{BP}-\overrightarrow{CP}&=2\overrightarrow{AP}-2(\overrightarrow{AP}-\overrightarrow{AB})-(\overrightarrow{AP}-\overrightarrow{AC})\\&=-\overrightarrow{AP}+2\overrightarrow{AB}+\overrightarrow{AC}\end{aligned}$$

ちょこっとメモ

ベクトルの分解→ p.101

ここで，(1) から，

$$\overrightarrow{\mathrm{AD}}=\frac{2}{3}\overrightarrow{\mathrm{AB}}+\frac{1}{3}\overrightarrow{\mathrm{AC}} \iff 2\overrightarrow{\mathrm{AB}}+\overrightarrow{\mathrm{AC}}=3\overrightarrow{\mathrm{AD}}$$

GR 3 **$\left|\overrightarrow{\mathrm{AP}}-\overrightarrow{\mathrm{AE}}\right|=a$ を満たす点 P の軌跡**

であり，$3\overrightarrow{\mathrm{AD}}=\overrightarrow{\mathrm{AE}}$ とすると，

$$\left|2\overrightarrow{\mathrm{AP}}-2\overrightarrow{\mathrm{BP}}-\overrightarrow{\mathrm{CP}}\right|=a \iff \left|\overrightarrow{\mathrm{AE}}-\overrightarrow{\mathrm{AP}}\right|=a$$

$$\therefore \left|\overrightarrow{\mathrm{EP}}\right|=a$$

よって，点 P は点 E を中心とする半径 a の円を描く。

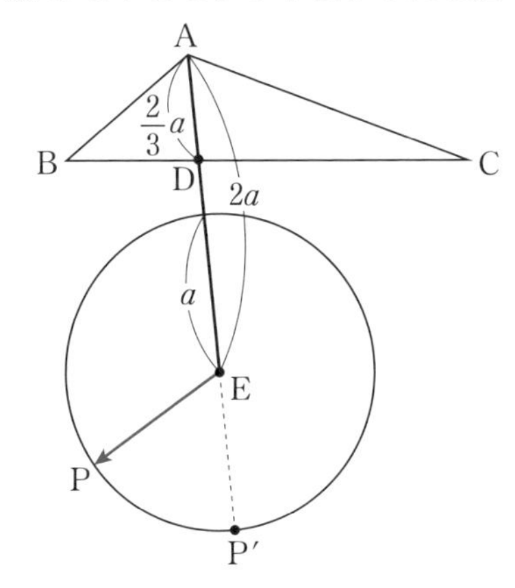

この円と直線 AE の交点のうち A とは反対側にあるほうを P′ とすると，

$$\left|\overrightarrow{\mathrm{AP}}\right| \leqq \left|\overrightarrow{\mathrm{AP'}}\right|=\left|\overrightarrow{\mathrm{AE}}\right|+\left|\overrightarrow{\mathrm{EP'}}\right|$$

$$=3\cdot\frac{2}{3}a+a=3a$$

よって，$\left|\overrightarrow{\mathrm{AP}}\right|$ の最大値は $\mathbf{3a}$

(3) GR 4 **線分 AP の通過領域を図示しよう**

A から (2) の円に 2 本の接線を引き，その接点を F，G とする。

$\mathrm{AE}=2a$，$\mathrm{EF}=a$ より，

$$\mathrm{AF}=\sqrt{\mathrm{AE}^2-\mathrm{EF}^2}=\sqrt{3}\,a$$

したがって，

$$\angle\mathrm{AEF}=\frac{\pi}{3}$$

線分 AP が通過してできる領域は，次の図の直角三角形 2 つと中心角 $\dfrac{4\pi}{3}$ の扇形を合わせた図形となる。

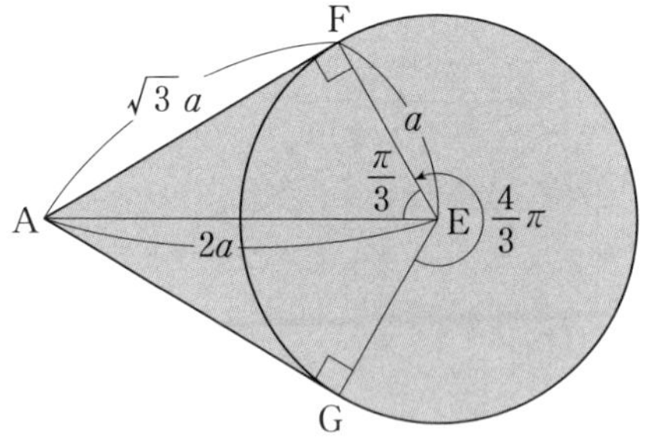

よって，求める面積 S は

$$\begin{aligned}S&=2\times(\triangle\mathrm{AEF})+(\text{扇形 FEG})\\&=2\times\frac{1}{2}\cdot\sqrt{3}\,a\cdot a+\frac{2}{3}\cdot\pi a^2\\&=\left(\sqrt{3}+\frac{2\pi}{3}\right)a^2\end{aligned}$$

公式・定理のおさらい

●直線のベクトル方程式

(1)　点Pが，点Aを通り $\vec{v}$ を方向ベクトルとする直線上にある。

$$\overrightarrow{OP}=\overrightarrow{OA}+\overrightarrow{AP}$$
$$=\overrightarrow{OA}+t\vec{v}$$

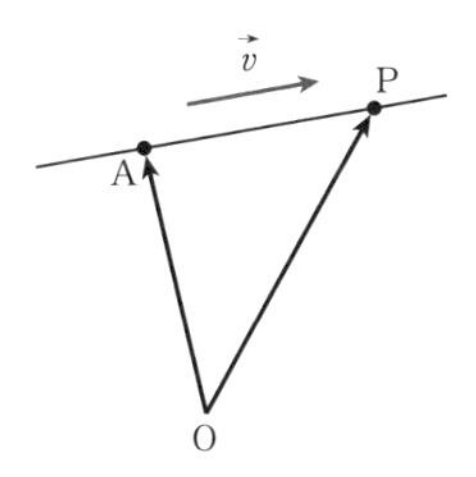

(2)　点Pが，直線AB上にある。

$$\overrightarrow{OP}=\overrightarrow{OA}+\overrightarrow{AP}$$
$$=\overrightarrow{OA}+t\overrightarrow{AB}$$
$$=\overrightarrow{OA}+t(\overrightarrow{OB}-\overrightarrow{OA})$$
$$=(1-t)\overrightarrow{OA}+t\overrightarrow{OB}$$

始点をOとする

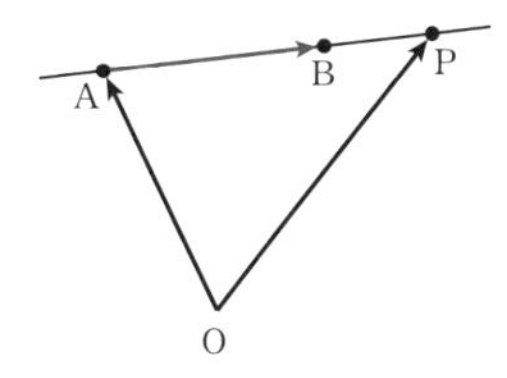

●円のベクトル方程式

点Pが，点Aを中心とする半径 r の円周上にある。

$$|\overrightarrow{AP}|=r$$

始点をO

$$|\overrightarrow{OP}-\overrightarrow{OA}|=r$$

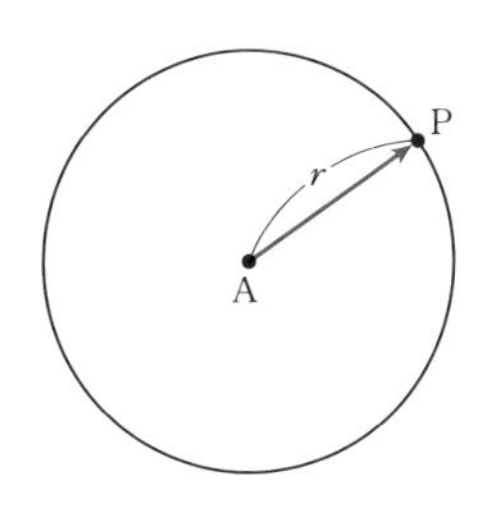

CHAPTER 10 ベクトル

39 円周上を動く点との距離

この問題で問われていること

- ☐ 平面に下ろした垂線の足を求められる
- ☐ 円周上を動く点との距離を考えられる

(1) GR 1 $\overrightarrow{DH}$ を文字を使って表そう

H は平面 T 上に存在するので，実数 s，t を用いて，

$$\overrightarrow{DH}=\overrightarrow{DA}+s\,\overrightarrow{AB}+t\,\overrightarrow{AC}$$

と表せる。

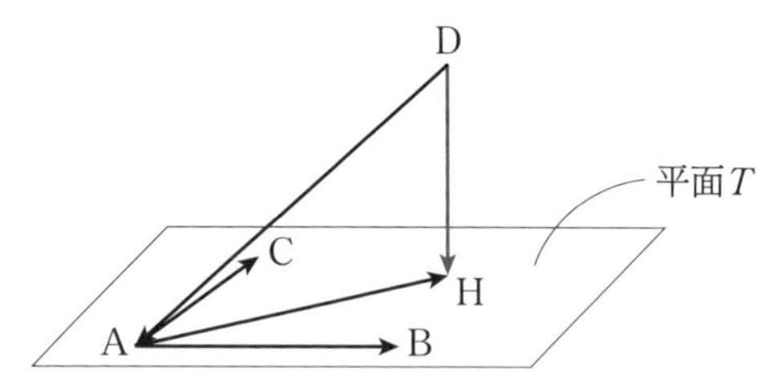

$$\overrightarrow{AB}=\begin{pmatrix}2\\2\\0\end{pmatrix},\ \overrightarrow{AC}=\begin{pmatrix}2\\0\\2\end{pmatrix}$$

であるから，

$$\overrightarrow{DH}=\begin{pmatrix}-4\\1\\0\end{pmatrix}+s\begin{pmatrix}2\\2\\0\end{pmatrix}+t\begin{pmatrix}2\\0\\2\end{pmatrix}=\begin{pmatrix}2s+2t-4\\2s+1\\2t\end{pmatrix}$$

> **注意**
>
> $$\overrightarrow{AB}=\begin{pmatrix}0-(-2)\\2-0\\0-0\end{pmatrix}$$
>
> $$\overrightarrow{AC}=\begin{pmatrix}0-(-2)\\0-0\\2-0\end{pmatrix}$$

GR 2 $\overrightarrow{DH}\perp$（平面 T）を利用しよう

$\overrightarrow{DH}\perp$（平面 T）であるから，$\overrightarrow{DH}\perp\overrightarrow{AB}$，$\overrightarrow{DH}\perp\overrightarrow{AC}$

よって，

$$\begin{cases}\overrightarrow{DH}\cdot\overrightarrow{AB}=0\\ \overrightarrow{DH}\cdot\overrightarrow{AC}=0\end{cases}$$

> **注意**
>
> 2つのベクトルが垂直ならば，内積は0

$$\begin{cases}2(2s+2t-4)+2(2s+1)=0\\ 2(2s+2t-4)+2\cdot 2t=0\end{cases}$$

$$\begin{cases} 4s+2t=3 \\ s+2t=2 \end{cases}$$

$\therefore \quad s=\dfrac{1}{3},\ t=\dfrac{5}{6}$

$\overrightarrow{\mathrm{DH}}=\overrightarrow{\mathrm{OH}}-\overrightarrow{\mathrm{OD}}$ であるから,

$$\overrightarrow{\mathrm{OH}}=\begin{pmatrix} 2 \\ -1 \\ 0 \end{pmatrix}+\begin{pmatrix} 2s+2t-4 \\ 2s+1 \\ 2t \end{pmatrix}=\begin{pmatrix} \frac{1}{3} \\ \frac{2}{3} \\ \frac{5}{3} \end{pmatrix}$$

注意

$\overrightarrow{\mathrm{OH}}=\overrightarrow{\mathrm{OD}}+\overrightarrow{\mathrm{DH}}$

また,$\overrightarrow{\mathrm{OD}}=(2,\ -1,\ 0)$

$\therefore \quad \mathbf{H}\left(\dfrac{1}{3},\ \dfrac{2}{3},\ \dfrac{5}{3}\right)$

(2) GR 3 △ABC の形状を把握しよう

AB＝BC＝CA＝ $2\sqrt{2}$ であるから,△ABC は正三角形である。円 S の中心を G とすると,G は△ABC の重心でもあるので,

$$\overrightarrow{\mathrm{OG}}=\frac{\overrightarrow{\mathrm{OA}}+\overrightarrow{\mathrm{OB}}+\overrightarrow{\mathrm{OC}}}{3}$$

したがって,$\mathbf{G}\left(-\dfrac{2}{3},\ \dfrac{2}{3},\ \dfrac{2}{3}\right)$

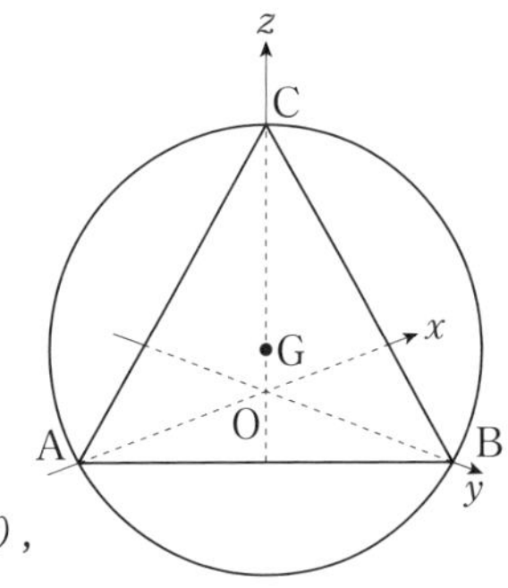

また,円 S の半径を R とすると,正弦定理より,

$$R=\frac{1}{2}\cdot\frac{\mathrm{AB}}{\sin\frac{\pi}{3}}=\frac{1}{2}\cdot\frac{2}{\sqrt{3}}\cdot 2\sqrt{2}=\frac{2\sqrt{6}}{3}$$

(3) GR 4 DH が一定であることを利用しよう

$\mathrm{DP}=\sqrt{\mathrm{HP}^2+\mathrm{DH}^2}$ であり,

DH は一定であるから,DP が最小となるのは HP が最小となるときである。

ここで,

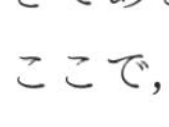

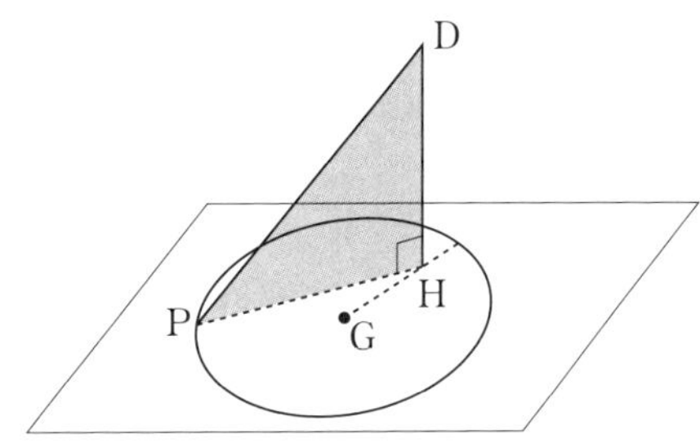

$$\overrightarrow{GH}=\overrightarrow{OH}-\overrightarrow{OG}=\begin{pmatrix}1\\0\\1\end{pmatrix}$$

注意

$$\overrightarrow{OH}-\overrightarrow{OG}=\begin{pmatrix}\frac{1}{3}\\\frac{2}{3}\\\frac{5}{3}\end{pmatrix}-\begin{pmatrix}-\frac{2}{3}\\\frac{2}{3}\\\frac{2}{3}\end{pmatrix}$$

よって，

$$|\overrightarrow{GH}|=\sqrt{2}<\frac{2\sqrt{6}}{3}\ (=R)$$

つまり，Hは円Sの内部に存在する。

下図のように直線GHとSとの交点のうち，Hに近いほうをP′とすると HP≧HP′であるから，P＝P′のときDPは最小になる。

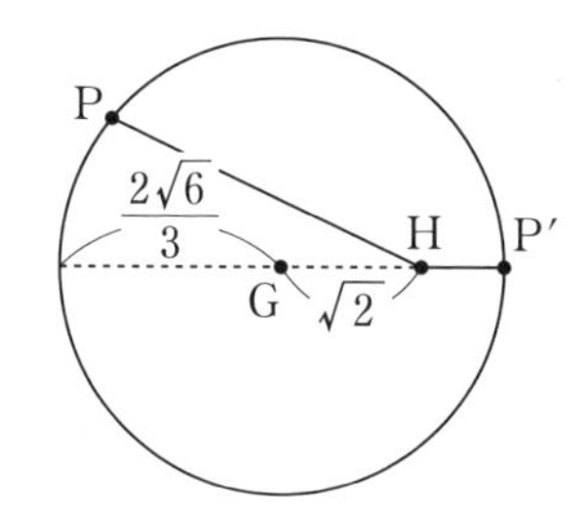

GR 5 $\overrightarrow{GP'}$は単位ベクトルを利用しよう

よって，

$$\overrightarrow{GP'}=|\overrightarrow{GP'}|\cdot\frac{\overrightarrow{GH}}{|\overrightarrow{GH}|}$$

$$=\frac{2\sqrt{6}}{3}\cdot\frac{1}{\sqrt{2}}\begin{pmatrix}1\\0\\1\end{pmatrix}$$

$$=\frac{2\sqrt{3}}{3}\begin{pmatrix}1\\0\\1\end{pmatrix}$$

ゆえに，

$$\overrightarrow{OP'}=\overrightarrow{OG}+\overrightarrow{GP'}=\begin{pmatrix}-\frac{2}{3}\\\frac{2}{3}\\\frac{2}{3}\end{pmatrix}+\begin{pmatrix}\frac{2\sqrt{3}}{3}\\0\\\frac{2\sqrt{3}}{3}\end{pmatrix}=\begin{pmatrix}\frac{-2+2\sqrt{3}}{3}\\\frac{2}{3}\\\frac{2+2\sqrt{3}}{3}\end{pmatrix}$$

したがって，求める点Pの座標は

$$\left(\frac{-2+2\sqrt{3}}{3},\ \frac{2}{3},\ \frac{2+2\sqrt{3}}{3}\right)$$

CHAPTER 10 ベクトル

公式・定理のおさらい

●平面の方程式

点 P $(x,\ y,\ z)$ が，平面 ABC 上にあるとする。

A $(x_0,\ y_0,\ z_0)$，$\vec{n}$ を平面 ABC に垂直なベクトルとする。

$\vec{n}=\begin{pmatrix}a\\b\\c\end{pmatrix}$

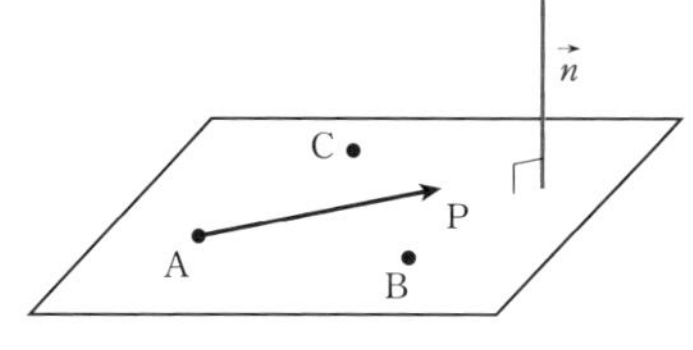

$\overrightarrow{\mathrm{AP}}\perp\vec{n}$ より，

$$\overrightarrow{\mathrm{AP}}\cdot\vec{n}=0$$

$$\begin{pmatrix}x-x_0\\y-y_0\\z-z_0\end{pmatrix}\cdot\begin{pmatrix}a\\b\\c\end{pmatrix}=0$$

$$a(x-x_0)+b(y-y_0)+c(z-z_0)=0$$

これが平面 ABC の方程式となる。

COLUMN

平面に垂直なベクトル（発展）

$$\overrightarrow{\mathrm{AB}}=\begin{pmatrix}a_1\\b_1\\c_1\end{pmatrix},\quad \overrightarrow{\mathrm{AC}}=\begin{pmatrix}a_2\\b_2\\c_2\end{pmatrix}$$

が張る平面に垂直なベクトルの 1 つは，

$$\vec{n}=\begin{pmatrix}b_1c_2-b_2c_1\\c_1a_2-c_2a_1\\a_1b_2-a_2b_1\end{pmatrix}$$

である。これは，次のように計算される。

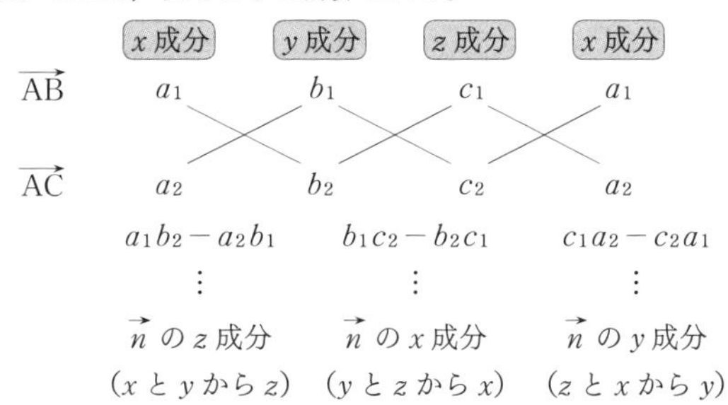

40 点光源

この問題で問われていること

- □ 直線と平面の交点を求められる
- □ ベクトルを利用して軌跡を求められる

(1) $\overrightarrow{AQ}=t\overrightarrow{AP}$ より,

$$\overrightarrow{OQ}-\overrightarrow{OA}=t(\overrightarrow{OP}-\overrightarrow{OA})$$

$$\therefore\quad \boldsymbol{\overrightarrow{OQ}=t\overrightarrow{OP}+(1-t)\overrightarrow{OA}}$$

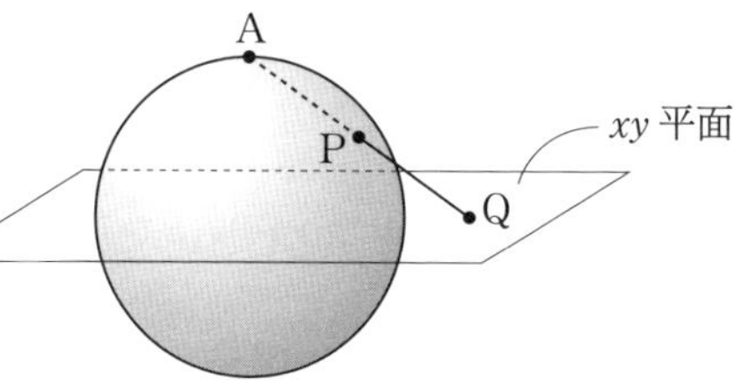

(2) $P(x_0,\ y_0,\ z_0)$, $A(0,\ 0,\ 1)$

である。(1) より,

$$\overrightarrow{OQ}=t\overrightarrow{OP}+(1-t)\overrightarrow{OA}$$

$$=\begin{pmatrix} tx_0 \\ ty_0 \\ 1-t+tz_0 \end{pmatrix}\quad\cdots\cdots①$$

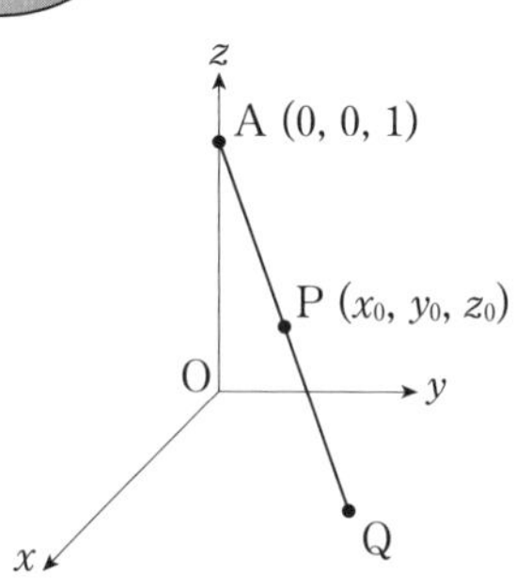

GR 1 xy 平面上の点→z 座標が 0 に着目しよう

Q は xy 平面上の点であるから,

$$1-t+tz_0=0$$

A と P は異なるので $z_0\neq1$ に注意して,

$$t=\frac{1}{1-z_0}$$

着眼点

$1=(1-z_0)t$

$z_0\neq1$ より,

$t=\frac{1}{1-z_0}$

①から,

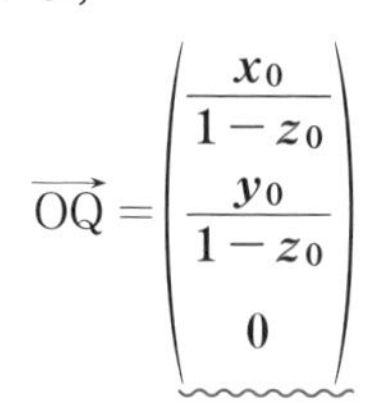

$$\overrightarrow{OQ}=\begin{pmatrix} \boldsymbol{\dfrac{x_0}{1-z_0}} \\ \boldsymbol{\dfrac{y_0}{1-z_0}} \\ \boldsymbol{0} \end{pmatrix}$$

(3) GR 2 x_0, y_0, z_0 が満たす条件式を導こう

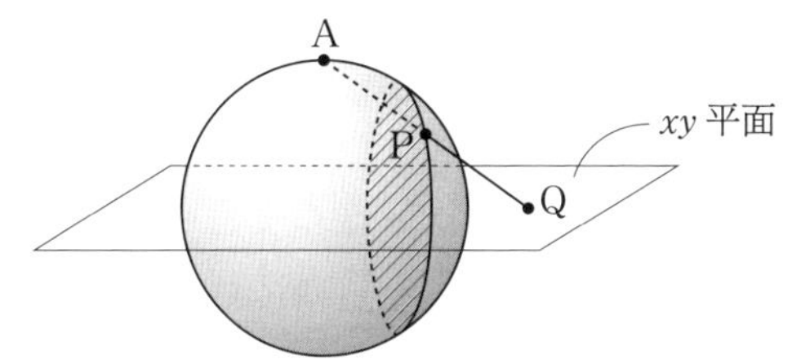

点Pが C 上を動くことから,

$$\begin{cases} x_0{}^2+y_0{}^2+z_0{}^2=1 \\ y_0=\dfrac{1}{2} \end{cases}$$

$$\therefore \quad x_0{}^2+z_0{}^2=\frac{3}{4} \quad \cdots\cdots ②$$

GR 3 x_0, z_0 を X, Y を用いて表そう

点Qを Q$(X,\ Y,\ 0)$ とすると,

$$\begin{cases} X=\dfrac{x_0}{1-z_0} & \cdots\cdots ③ \\ Y=\dfrac{y_0}{1-z_0}=\dfrac{1}{2(1-z_0)} & \cdots\cdots ④ \end{cases}$$

④で $Y \fallingdotseq 0$ であるから,

$$1-z_0=\frac{1}{2Y} \qquad \therefore \quad z_0=1-\frac{1}{2Y} \quad \cdots\cdots ⑤$$

③から,

$$X=x_0 \cdot 2Y \qquad \therefore \quad x_0=\frac{X}{2Y} \quad \cdots\cdots ⑥$$

⑤, ⑥を②に代入して,

$$\left(\frac{X}{2Y}\right)^2+\left(1-\frac{1}{2Y}\right)^2=\frac{3}{4}$$

$$X^2+Y^2-4Y+1=0$$

$$\therefore \quad X^2+(Y-2)^2=3$$

したがって, xy 平面における点Qの軌跡は

円 $x^2+(y-2)^2=3$

である。

40
点光源

高梨　由多可　たかなし・ゆたか

河合塾数学科講師。中高一貫校の中学３年生から高校生・高卒生を対象に，基礎クラスから東大志望クラスまで幅広く指導。定義・原則の理解を徹底し，ただ単に解法を教えるのではなく，「なぜその解法をここで用いたのか」という「意識化」を重視した授業を展開している。プライベートでは体を動かすことが大好きで，子ども５人の子育てにも日々奮闘中。

橋本　直哉　はしもと・なおや

水戸駿優予備学校・医学部専門予備校数学科講師。自身の受験経験から医学部を目指す学生の指導を主に行っている。授業では合格に必要な知識を過不足なく伝え，なぜそのような解法・着眼点をもったのかを明確に伝える。解法を暗記する数学から，本質を理解し解答できる力を養う。休日はチョークを置き，「光の戦士」としてエオルゼアを走り回る。

大学入試問題集　ゴールデンルート

数学ⅠA・ⅡB
応用編

2021年8月20日　　初版発行

著者　高梨　由多可，橋本　直哉
発行者　青柳　昌行
発行　株式会社KADOKAWA
〒102-8177　東京都千代田区富士見2-13-3
電話0570-002-301（ナビダイヤル）

印刷所　株式会社加藤文明社印刷所

アートディレクション　北田　進吾
デザイン　堀　由佳里，畠中　脩大（キタダデザイン）
編集協力　竹田　直
校正　宮本　和直，佐々木　和美
DTP　株式会社フォレスト

ISBN 978-4-04-604480-8　C7041